U0292685

晋西北丘陵风沙区人工柠条林建设与营造

Construction and Maintenance of Artificial Caragana Korshinskii Forest
in the Hilly and Sandy Area of Northwest Shanxi

缑倩倩　著

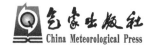

气象出版社
China Meteorological Press

内 容 简 介

本文内容分为 4 章:第 1 章绪论;第 2 章柠条种子形态特征与干旱胁迫响应机制;第 3 章柠条林组织结构特征;第 4 章柠条林下土壤细菌和真菌群落沿 50 年时间的演替。本书内容系统丰富,结构清晰,理论和实践相结合,有很强的科学性、创新性、理论性以及较高的实用价值。

本书可为生态环境相关方向如干旱半干旱风沙地区环境、土壤、植被恢复等方面的研究者、林业工作者和政府部门决策提供重要的参考和案例。

图书在版编目(CIP)数据

晋西北丘陵风沙区人工柠条林建设与营造 / 缑倩倩著. -- 北京 : 气象出版社, 2022.12
ISBN 978-7-5029-7871-6

Ⅰ. ①晋… Ⅱ. ①缑… Ⅲ. ①丘陵地-沙漠带-柠条-造林-研究-山西 Ⅳ. ①S793.3

中国版本图书馆CIP数据核字(2022)第228881号

晋西北丘陵风沙区人工柠条林建设与营造
Jinxibei Qiuling Fengshaqu Rengong Ningtiaolin Jianshe yu Yingzao

出版发行:气象出版社

地　　址:北京市海淀区中关村南大街 46 号　　邮政编码:100081
电　　话:010-68407112(总编室)　010-68408042(发行部)
网　　址:http://www.qxcbs.com　　E - m a i l:qxcbs@cma.gov.cn
责任编辑:王萃萃　　　　　　　　终　审:张　斌
责任校对:张硕杰　　　　　　　　责任技编:赵相宁
封面设计:楠竹文化
印　　刷:北京建宏印刷有限公司
开　　本:787 mm×1092 mm　1/16　　印　张:8.25
字　　数:211 千字
版　　次:2022 年 12 月第 1 版　　　印　次:2022 年 12 月第 1 次印刷
定　　价:45.00 元

前　　言

晋西北丘陵风沙区与毛乌素沙地相迎,与陕西、内蒙古风沙区毗邻,气候多变,风沙活动强烈,生态环境脆弱,处于华北农牧交错带沙漠化扩展的前沿,是我国风沙活动危害最为严重的地区之一,也是环京津地区建立防风固沙生态屏障的重点区域。多年来为了有效遏制风沙危害,该地区开展了一系列以人工植被建设为主要生态修复措施的生态建设工程,有效促进了局地生境恢复。但近年来风沙治理区出现了土壤水分失衡、土壤干燥化严重、人工固沙植被退化、更新幼苗生长缓慢甚至停滞的现象,直接影响了沙区的生态恢复和防风固沙效益的可持续性。因此,科学认识该地区人工固沙植被演变规律,以及与降水、土壤水文过程之间的相互作用,探索适宜的恢复措施,对晋西北风沙区植被的建设和生态恢复具有十分重要的指导意义。

柠条锦鸡儿(*Caragana korshinskii* Kom.)作为豆科、锦鸡儿属植物,根系发达,具有耐旱、抗风蚀、耐沙埋的特征,是一种优良的防风固沙植物,成为晋西北丘陵风沙区先锋植物之一,对当地退化生态系统植被恢复起着重要的作用。但近年来晋西北地区降水量明显下降,气候趋向暖干化发展,地区水资源不平衡的局面更加严峻,水资源与生态环境的矛盾导致人工柠条锦鸡儿生长受限,萌发幼苗生长发育不良,种群天然更新困难。本书针对山西生态文明发展的重大需求,对人工固沙植物群落演替、土壤变化以及林下草本植物生长、繁殖和适应对策等方面开展探讨,并对人工固沙植被稳定性进行评价。项目团队成员在晋西北丘陵风沙区开展人工固沙植被研究近 10 年,进行了大量的野外调查,积累了大量数据,并对这些数据进行综合集成,编写了该著作,具有很强的创新性,在晋西北丘陵地区沙漠化防治、植被和土壤恢复等方面具有重要的科学价值与实践意义,以期为提高晋西北丘陵地区人工植被建设水平,服务政府防风固沙,防治风沙侵蚀,精准化环境管理提供一定的参考。

本书的出版得到了很多专家学者的帮助。首先感谢中国科学院西北生态环境资源研究院屈建军研究员多年的指导,同时感谢鲁东大学常学礼教授,还要感谢研究团队王国华、赵峰侠、曹艳峰等老师,以及团队中的席璐璐、宋冰、刘婧、马改玲、陈蕴琳、高敏、张宇、申长盛、王佳琪等同学的帮助。本书的出版经费主要由国家自然科学基金(No.42171033,41807518)资助。

本书作者水平有限,文中难免有不足和差错的地方,恳请读者以及相关领域专家不吝批评指正。

著者

2022 年 9 月 27 日于太原

目　　录

第1章 绪论

柠条锦鸡儿(*Caragana korshinskii* Kom.),属豆科(Leguminosae),锦鸡儿属落叶大灌木植物,株丛高大,枝叶稠密,根系发达,具根瘤菌,不但防风固沙、保持水土的作用好,而且枝干、种实的利用价值也较高,是我国干旱半干旱荒漠、半荒漠及干草原地带营造防风固沙林、水土保持林的重要植物种。柠条在我国主要分布在西北、华北和东北等干旱半干旱地区,丛径最高可达 $1\sim1.5$ m,抗风沙能力强,即使根系被风蚀裸露,仍能正常生长,而植株被沙埋后,分枝生长则更加旺盛,并能产生不定根而形成新的株丛。由于根系极为发达,有较强的抗逆性和适应性,同时具有很好的涵养水源、保持水土以及改良林地土壤等作用,因此柠条在我国干旱半干旱风沙区水土保持和固沙造林工程中有大面积栽种(牛西午,2003)。科学认识人工种植柠条的生长、发育、繁殖和更新及其与降水和土壤水文过程的相互关系并探索适宜的恢复措施,对中国干旱半干旱地区人工植被的建设和生态恢复具有十分重要的指导意义(Wang et al.,2015)。

近几十年来,在全球气候变化和人类活动加剧的背景下,中国沙漠化面积呈扩大趋势(Gou et al.,2015,2017),为了改善生态环境,我国西北地区大面积种植人工固沙植被(Gou et al.,2022a,b,c;赵文智 等,2018;何志斌 等,2005)。作为种植面积最大的关键植物种之一,柠条成为我国干旱半干旱地区人工种植植物近年来研究的热点。例如,在西北干旱风沙区种植柠条有利于促进土壤团聚体稳定性的提升(高冉 等,2020);在腾格里沙漠沙坡头地区干旱年柠条在降水相对集中且丰沛的月份具有较高的蒸散量(王新平 等,2002);在内蒙古农牧交错带地区,人工柠条林 70 cm 土层中土壤含水量低于凋萎湿度(阿拉木萨 等,2002);而在其他地区,也同样发现种植 10 a 的柠条林 200 cm 土壤层出现干燥化现象(高玉寒 等,2017);在黄土高原地区,柠条林下草本植物种类以 30 a 生柠条林最为丰富(崔静 等,2018);而对于不同质地的土壤而言,柠条在层状土壤中具有较深的土壤水分补给和较高的年实际蒸腾量(Xie et al.,2014)。在人工柠条林繁殖方面,孙黎黎等(2010)通过调查黄土高原 12 个柠条人工群样地,发现生长在阳坡的柠条无性繁殖较阴坡旺盛;保长虎(2011)研究发现,柠条人工种群在黄土高原阴坡生境下的单株荚果产量最多,而柠条种子的饱满率则以半阳坡、阳坡和峁顶较高。

晋西北丘陵风沙区与陕西、内蒙古风沙区相邻,气候多变,风沙活动强烈,生态环境脆弱,是我国风沙活动危害最严重的地区之一,也是环京津地区建立防风固沙生态屏障的重点区域(严俊霞 等,2013)。该区域是农牧交错带,由于人类的过度放牧,造成荒漠化严重,为了有效控制水土流失与荒漠化现象,该地区开展了一系列植被恢复生态建设工程,主要是以种植柠条为主的人工林建设(严俊霞 等,2013)。作为防护林体系建设中的一个主要灌木种(牛西午,2003),柠条可以有效控制水土流失与荒漠化现象(刘爽 等,2019),对固沙林林下物种多样性的恢复、生态系统稳定和生产力维持等方面发挥着重要的作用(王世雷 等,2013)。因此,柠条被筛选确定为该区最适宜人工造林的优良灌木树种(张瑜 等,2013)。相较于乔木林,灌木林土壤水分入渗能力更强,蒸腾量较低(夏江宝 等,2004),并有大量枯枝落叶,林地内土壤蒸发减弱,柠条人工林便有较高的保水功能,同时,土壤理化性质也随着人工柠条林种植年限的增加而得到显著的改善(王世雄 等,2010),这可能是由于植被在生长发育过程中通过根系分泌物和凋落物等可以改善土壤环境,对土壤肥力的恢复具有促进作用(霍高鹏 等,2017),人工林内的天然植被的演替过程也得以加快(从怀军 等,2010)。除此之外,柠条枯落物分解深刻影响灌丛内外枯落物分布和土壤理化性状的变化,土壤动物对环境条件变化敏感,土壤动物数量多少、组成变化和密度大小,通常决定于土壤环境条件的优劣和食物资源的有效性。因而,柠条锦鸡儿枯落物分解引起的土壤环境和食物资源条件变化将对土壤动物群落组成、多样性分布产生显著影响(张安宁,2021)。尽管目前对固沙植被天然更新的研究已经很多,但大多数实验都是在培养箱或是温室内完成的,与实际自然生境存在较大差异。对于不同地区降水格局和分布,干旱半干旱地区人工固沙植物种群更新规律及适应性状的产生、维持存在着怎样的调控机制和生态意义? 在全球气候变化的背景下,人工固沙植物的状况如何变化? 为回答上述科学问题,我们在晋西北丘陵风沙区以柠条为研究对象,开展了晋西北丘陵风沙区生态修复过程中人工柠条的变化研究。

第2章 柠条种子形态特征与干旱胁迫响应机制

2.1 不同种植年限柠条种子形态和结种量特征

种子是植物生活史的关键阶段(李小双 等,2007),是生态学一直关注的重要研究对象。种子形态特征与种子产量(黄振英 等,2012)、种子传播(Carvalho et al.,2020)、种子萌发、幼苗存活等植物生命周期活动关系密切(Gou et al.,2022d;于露 等,2021;杨慧玲 等,2012),是了解植被天然更新过程中具体繁殖策略的基础(韩大勇 等,2021;武高林 等,2006;赵高卷 等,2016)。种子形态主要包括种子重量、形状、附属物和表面结构等特征,其中种子大小和重量可以通过脱落方式与时间的调节,对种子的脱落、传播及种子库的形成规模、空间格局、持久性等特征产生直接或间接的影响(张小彦 等,2009;李秋艳 等,2005),在人类活动加剧和全球气候变化的背景下,稳定的土壤种子库成为退化植物种群、群落以及生态系统恢复的关键。与较大种子相比,小种子有更广的扩散范围,倾向于依靠更多的传播媒介,因此,在离母体更远的地方建植的可能性更大(Westoby et al.,1996)。小种子除了传播扩散的优势以外,还有形成持久土壤种子库的优势(于顺利 等,2007b;Zhang et al.,2017)。有研究发现,种子大小(重量)主要通过两个方面来影响后代植物幼苗的生存适合度。一方面,种子的大小和其产生的种子数量呈显著的负相关关系(Moles et al.,2000);另一方面,种子大小和幼苗存活呈显著的正相关关系(刘志民,2010)。形态各异的种子作为形成土壤种子库的基础,其形态直接影响种子萌发、出苗与幼苗定植、存活和实现天然更新等过程,因此,关于种子微形态在植物分类学、系统学和鉴定学等方面的研究不断发展,日益深化(马骥 等,2005;Cornwell et al.,2014;Hüseyin et al.,2021;Munoz et al.,2016;Song et al.,2020),并一直成为生物学家和生态学家关注的重要研究对象。

自20世纪60年代末 Harper 等提出高等植物繁殖防御对策的概念后,相关研究受到国内外学者广泛的关注(张景光 等,2005)。在目前人类活动加剧和全球气候变化的背景下,退化生态恢复和生物多样性保护得到越来越多的关注,种子形态研究也已经与经典生态学理论(如r-K 选择、CSR 对策等)相结合,并被广泛应用于濒危物种的保护、退化生态系统不同功能群抗逆性策略和入侵植物生态适应进化等方面(孙士国 等,2018;Zhou et al.,2021)。而繁殖对策与经典生活史理论的结合不仅可以使繁殖对策作为概念性框架进行植物侵入、繁衍、消失过程的解释和物种适应性、群落过程和生态系统特性的研究,同时也为经典生态对策理论提供了更多的实证支持和扩展补充,从而有针对性地应用于不同水平物种、群落和生态系统生态恢复和生物多样性保护的研究,以便于采取适应性管理对策。近年来国内外关于繁殖体重量与形状及其繁殖生活史特征的研究主要集中在荒漠区(闫巧玲 等,2005;孟雅冰 等,2015)、高寒草甸区(李媛媛 等,2013)、黄土丘陵沟壑区(Hawes et al.,2020)、干旱区(李雪峰 等,2017;靳瑰丽等,2018),而对于典型农牧交错地区人工植被的数据和资料积累仍然有待于进一步完善,尤其是长时间尺度(50 a 以上)人工种植植被的繁殖策略研究。

晋西北丘陵风沙区地处中国典型的农牧交错区,不仅是我国沙漠化扩展最严重的地区之一,也是京津地区乃至华北地区建立防风固沙绿色生态屏障的前沿阵地(梁海斌 等,2014;李金峰 等,2009)。20世纪70年代以来,柠条作为黄土高原地区重要的防风固沙绿化树种在该地区进行大面积种植,不仅为生态恢复、土壤保育做出了巨大贡献,同时也发挥了巨大的经济与社会效益(李金峰 等,2009)。目前,由于人工柠条林种植结构单一、群落结构简单、种植密度大、管理粗放、土壤水分亏缺(梁海斌 等,2014;王玲 等,2018)等原因,该地区柠条人工林生长衰退、效益下降和林下天然更新稀少(梁海斌 等,2014;孙黎黎 等,2010)等问题突出,柠条天然更新困难与种子形态特征密切相关(彭闪江 等,2004),而从种子形态角度开展的相关研究却还很少见报道。

本研究以晋西北丘陵风沙区人工种植柠条为对象,进行了种子形态特征的相关分析,揭示了不同种植年限柠条种子形态与种子结种量、种子持久性、植株生长发育指标的关系,从植被恢复潜力的角度探讨柠条种子形态在天然更新过程中的繁殖策略,并进行了相关假设的检验:(1)种子重量与结种量存在均衡关系,(2)种子形状与结种量也存在均衡关系,(3)可用种子形态特征预测种子持久性,(4)种子重量/种子形状/种子数量与种植年限/种子大小相关,(5)种子重量/形状与植物生长发育程度相关,以期为阐明研究区植被的种子繁殖能力及其对人工林天然更新恢复与格局的影响提供新的研究思路,为晋西北丘陵风沙区柠条人工种群的管理、更新、恢复提供科学依据。

2.1.1　材料与方法

2.1.1.1　试验区概况

研究区位于晋西北丘陵风沙区的忻州市五寨县石咀头村,海拔1370～1533 m。本区气候属温带大陆性气候,气温年较差和日较差大,年平均气温4.9 ℃左右,年平均降水量478.5 mm且降水主要集中于7月、8月,约占年降水量的44%,最冷月(1月)平均气温为－13.2 ℃,最热月(7月)平均气温为20.0 ℃,平均日照时数2872 h,有效积温2452.3 ℃·d,无霜期110～130 d。该区土壤类型主要以黄绵土、淡栗褐土为主,土壤质地疏松,孔隙度高,透气性强。研究区内主要为人工植被覆盖,乔木植物主要包括:小叶杨(*Populus simonii*)、旱柳(*Salix matsudana*)和油松(*Pinus tabuliformis*),灌木植物主要包括人工柠条林(*Caragana korshinskii*),林下草本植物主要包括白羊草(*Bothriochloa ischaemum*)、蒿类(*Artemisia spp*)、沙蓬(*Agriophyllum Moq*)等(刘爽 等,2019)。

作为重要的固沙造林优良树种,该区域1970年以来相继人工种植了大量柠条,为我国三北防护林工程的建设和地区经济的发展作出了巨大贡献。本章采用空间代替时间的研究方法,对不同种植年限柠条生长特征变化和种子特征进行对比和动态分析。本研究中的人工柠条林分序列(6 a、12 a、18 a、40 a和50 a),分别源于20世纪70年代、80年代、2002年、2008年和2014年的播种造林,以条播法于阳坡、半阳坡及峁顶等生境条件下进行播种,播种造林行间距均为2 m。由于立地环境在种植柠条林以前为流动沙丘,土壤性状基本相同,因此可以认为造林前土壤基质条件是一样的。

2.1.1.2　野外柠条生长状况调查取样

于2019年秋在忻州市五寨县石咀头村选取坡度、坡位、坡向等立地条件相似、群落发育较为完整且未平茬的5处(6 a、12 a、18 a、40 a和50 a)不同年限典型柠条林为调查样点。不同年限柠条林各选取 3 个样点,且每个样点均采用巢式取样法分别设置 3 个 20 m×20 m 样方,样点间距大于 200 m,样方间距约 25 m,在每个样方内,选取至少 5 株长势中等且发育良好的柠条灌丛作为取样和测量灌丛。先对所选灌丛测定株高、冠幅、盖度、枝条数等生长指标;之后按照叶、枝条和茎干进行地上部取样,地上生物量在定温 80 ℃ 下烘干至恒重后进行测量;同时在植株上采收达到生理成熟期的荚果,经室内风干、脱粒、去除杂质后,选取健康种子在自然条件下贮藏,以备用于后期实验处理。在距离灌丛基茎 20 cm 的东、南、西、北四个方向上选取 4 个样点,每个样点分 0～20 cm、20～40 cm、40～60 cm、60～80 cm 和 80～100 cm 共 5 层进行根钻取样。将所采集土壤样品带回实验室内,先将过筛挑选出的根系用清水缓慢冲洗至干净、无杂质,之后再将根系放入 80 ℃ 烘箱烘干至恒重,烘干后以精确度为 1/1000 的天平称质量后计算地下生物量。

2.1.1.3　种子形态测量方法

种子大小/重量和形状测定试验于 2019 年 11 月初在实验室进行。种子重量测量方法:选取柠条种子,比较种子体积大小,划分为大(＞0.06 g)、中(0.04～0.06 g)、小(0.02～0.04 g)三级,然后用精度 0.0001 g 的天平对种子进行千粒重分级称重,每处理 100 粒种子,随机区组排列,重复 3 次。种子形状测量:用游标卡尺测定种子长度和宽度和高度,每个年限根据四分法随机选取 20 个重复。用 Thompson 等(1993)介绍的方法衡量种子的形状,即将种子形状与球体形状对比,求种子长、宽、高的总体方差,总体方差的计算公式为:

$$\left[n \sum x^2 - \left(\sum x \right)^2 \right] / n^2$$

用种子三维(长、宽、高)的方差衡量种子形状。方差越小,种子越接近圆球形;方差越大,种子越细长或扁平。但在计算方差前要对数据进行转换。转换方法是先将长定为 1,然后求出宽和高对于长的比值。

2.1.1.4　植物结种量调查方法

以株(丛)为单位,选择具有代表性的植株各 3 株,共 15 株,分别调查每株(丛)植物的种子数量,取其均值。具体做法为:在植株不同部位摘取豆荚,直接数出每株植物的种子数量。

2.1.1.5　种子持久性测定方法

种子持久性测定方法参考刘志民(2010)等的测定方法,2019 年 11 月将种子与粒径小于 0.5 mm、体积 20 cm³ 的沙子混匀,置于尼龙袋内埋藏。再将每个尼龙袋用粒径＜0.5 mm 的沙子埋于花盆中(花盆直径 14 cm,高 13 cm;尼龙袋埋深 5 cm)。最后将花盆置于室外(五寨县张家坪林场柠条种植地),埋于地下,使花盆口与地面齐平,保证种子的埋藏条件与当地的自然条件相近。每个年限 5 个重复,每个重复 50 粒种子。2020 年 11 月,取出装有种子的尼龙袋,并用粒径 0.5 mm 的筛子将种子与袋子中的沙子分离。记录已经萌发或腐烂的种子数,并对残留的种子进行萌发实验。

2.1.1.6　种子萌发实验

萌发实验采用 5 次重复,在规格为 300 mm×250 mm 萌发袋中进行,每袋种子数量为 20 粒,在实验室自然光照条件下进行,温度为 17/25 ℃,相对湿度 10%～20%。种子萌发实验开始后,每天观察记录不同编号种子的萌发情况,并根据湿度情况加水,萌发实验结束后计算萌发率。以胚根露出种皮作为种子萌发的标准。当种子萌发率达到 90% 或连续 5 d 没有萌发则视为萌发结束。萌发实验持续 15 d。

2.1.1.7 数据分析方法

全文利用 SPSS 25.0 进行单因素方差分析（One-way ANOVA，LSD 法进行显著性检验）、多因素方差分析（UNIANOVA）、相关性分析（Pearson 系数法）、双尾 t 检验（95% 的置信度水平上）及线性回归分析，利用 Origin 2018 软件进行绘图。

2.1.2 结果与分析

2.1.2.1 柠条生长特性与生物量特征

在柠条种植 6～50 a，柠条株高、新枝数、地上生物量、地下生物量随着种植年限的增加均呈上升趋势，其中株高从 6 a 的 131 cm 上升到 50 a 的 231 cm，新枝数从 38 枝上升到 258 枝，地上生物量从 591.14 g/株上升到 10371.31 g/株，地下生物量从 280.28 g/株上升到 374.35 g/株；而冠幅和盖度则呈先上升后下降的趋势，在 40 a 达到最大，6～40 a 冠幅从 108.99 cm 上升到 309.70 cm，在 40 a 达到最大，而 40～50 a 则从 309.70 cm 下降到 298.87 cm，6～40 a 盖度从 1.51% 上升到 29.42%，在 40 a 达到最大，而 40～50 a 则从 29.42% 下降到 26.87%（表 2.1）。

表 2.1 不同林龄柠条生长特征及生物量特征

处理	株高 (cm)	冠幅 (cm)	盖度 (%)	新枝数 (枝/株)	地上生物量 (g/株)	地下生物量 (g/株)
6 a	131.00±16.46^c	108.99±1.10^c	1.51±0.29^b	38.33±7.45^c	591.14±96.59^b	280.28±9.62^c
12 a	143.33±4.10^{bc}	141.50±12.21^c	2.66±1.50^b	65.33±9.82^c	1736.22±665.48^{ab}	314.28±8.27^{bc}
18 a	147.33±13.68^{bc}	218.72±6.47^b	11.73±1.81^b	76.00±12.74^c	2289.94±388.89^{ab}	339.04±20.60^{ab}
40 a	189.33±15.01^{ab}	309.70±33.38^a	29.42±6.42^a	167.00±14.80^b	7004.02±906.62^{ab}	354.86±7.66^a
50 a	231.33±16.70^a	298.87±15.42^a	26.87±2.89^a	258.00±23.46^a	10371.31±6052.94^a	374.35±7.64^a

注：上标^{a,b,c}表示在单因素方差分析中不同处理存在显著差异（$P<0.05$）。

2.1.2.2 种子形态特征

结种量、种子重量、种子高度随着种植年限的增加，总体呈上升趋势，在 50 a 达到最大值，结种量、种子重量、种子高度的增加均以中小种子为主。种子长度、种子宽度、种子平均方差随着种植年限的增加，总体呈下降趋势，在 50 a 达到最小值，种子长度的下降以大中种子为主、种子宽度的下降以中小种子为主、大中小种子的平均方差均有不同程度的下降。

种植前期：大粒种子结种量、种子宽度随着种植年限的增加逐渐上升，在 12 a 达到最大值；种子三维方差、种子长度随着种植年限的增加逐渐下降，在 12 a 达到最小。中粒种子结种量随着种植年限的增加逐渐上升，在 12 a 达到最大值。种子长度均值随着种植年限的增加逐渐下降，在 12 a 达到最小。

种植后期：大粒柠条种子的结种量、种子长度、种子三维方差随着种植年限的增加逐渐下降，在 50 a 达到最小。中粒柠条种子的结种量、种子长度、种子宽度、种子三维方差随着种植年限的增加逐渐下降，在 50 a 达到最小；种子千粒重、种子高度随着种植年限的增加逐渐上升，在 50 a 达到最大值。小粒柠条种子及其均值的结种量、种子千粒重随着种植年限的增加逐渐上升，在 50 a 达到最大值；种子长度、种子宽度、种子高度、种子三维方差随着种植年限的增加逐渐下降,在 50 a 达到最大值(表 2.2)。

表 2.2　不同林龄柠条种子基本特征

类型	年限(a)	结种量(粒/株)	千粒重(g/株)	种子形状			
				长(mm)	宽(mm)	高(mm)	平均方差
大	6	95±6[b]	56.673±3.927[a]	6.700±0.231[a]	3.25±0.098[b]	2.733±0.117[a]	0.085±0.001[a]
	12	252±30[a]	49.201±3.055[a]	5.728±0.150[d]	3.756±0.070[a]	2.772±0.029[a]	0.056±0.004[b]
	18	124±2[b]	52.500±0.289[a]	6.556±0.087[ab]	3.128±0.103[b]	2.867±0.069[a]	0.061±0.005[b]
	40	117±6[b]	52.463±0.152[a]	6.264±0.051[bc]	3.278±0.082[b]	2.867±0.044[a]	0.058±0.001[b]
	50	110±12[b]	52.425±0.592[a]	5.972±0.0338[cd]	3.428±0.089[b]	2.867±0.051[a]	0.055±0.002[b]
中	6	502±137[b]	34.414±2.655[a]	5.361±0.097[ab]	3.089±0.031[ab]	2.322±0.093[a]	0.065±0.004[ab]
	12	842±7[a]	39.624±1.613[a]	5.583±0.150[a]	3.211±0.131[a]	2.367±0.083[a]	0.063±0.003[ab]
	18	883±66[a]	35.187±2.649[a]	5.194±0.149[bc]	2.806±0.135[bc]	2.300±0.144[a]	0.072±0.003[a]
	40	699±68[ab]	37.245±1.925[a]	5.039±0.088[bc]	2.781±0.037[c]	2.331±0.070[a]	0.063±0.005[ab]
	50	515±73[b]	39.303±1.207[a]	4.883±0.073[c]	2.756±0.066[c]	2.361±0.024[a]	0.059±0.005[b]
小	6	243±94[b]	20.083±1.122[b]	4.372±0.305[a]	2.689±0.140[ab]	1.750±0.051[b]	0.050±0.013[a]
	12	274±18[b]	24.289±0.945[ab]	4.389±0.094[a]	2.928±0.074[a]	1.667±0.123[b]	0.050±0.006[a]
	18	571±140[b]	24.050±2.569[ab]	4.783±0.121[a]	2.744±0.131[ab]	2.128±0.029[a]	0.056±0.003[a]
	40	649±260[ab]	24.710±1.018[ab]	4.597±0.045[a]	2.425±0.063[b]	2.117±0.017[a]	0.0491±0.001[a]
	50	1127±203[a]	25.370±0.534[a]	4.411±0.124[a]	2.106±0.034[c]	2.106±0.034[a]	0.0493±0.004[a]
均值	6	280±75[b]	37.057±0.050[a]	5.478±0.031[ab]	3.009±0.029[ab]	2.269±0.086[a]	0.066±0.004[a]
	12	456±13.76[ab]	37.704±1.871[a]	5.233±0.091[cd]	3.298±0.018[a]	2.269±0.054[a]	0.056±0.003[ab]
	18	526±66.014[ab]	37.246±0.123[a]	5.511±0.061[a]	2.893±0.047[c]	2.432±0.051[a]	0.063±0.003[ab]
	40	489±107[ab]	38.139±0.252[a]	5.3±0.049[bc]	2.828±0.008[cd]	2.438±0.022[a]	0.057±0.002[ab]
	50	584±74[a]	39.033±0.381[a]	5.089±0.064[d]	2.763±0.040[d]	2.444±0.008[a]	0.054±0.002[b]

注:不同字母上标代表在单因素方差分析中不同处理存在显著差异($P<0.05$)。

2.1.2.3　种子形状、重量与结种量之间的关系

通过线性回归分析表明,柠条种子其结种量与种子形状之间具有不显著的负相关关系($P>0.05$,图 2.1),但结种量大的种子趋于圆球形,形状偏扁长形的种子其结种量较低;柠条种子结种量则与种子重量之间具有显著负相关关系($P<0.01$,$R^2=0.417$,图 2.2),即种子越小,结种量越大(图 2.2)。

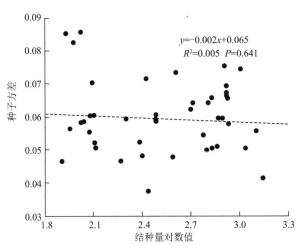

图 2.1　结种量与种子方差相关分析

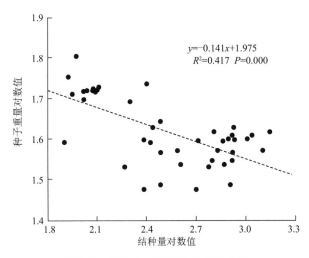

图 2.2　结种量与种子重量相关分析

2.1.2.4　种子形状、重量与种子持久性之间的关系

对种子重量、种子形状（种子总体方差）与种子持久性的关系进行比较,发现:种子持久性只与种子重量密切相关,即柠条种子重量越小,越容易形成持久种子库(双尾 t 检验: $P=0.914$;图 2.4)。而种子形状与种子持久性之间无显著相关性(双尾 t 检验: $P=0.038$,图 2.3)。

箱体范围包括变量值(种子重量和种子总体方差)的第 25 到第 75 百分位数,箱体内的线表示变量值的中值;上下触须线分别表示变量值的第 10 到第 90 百分位数;奇异值标点为黑点(·)。

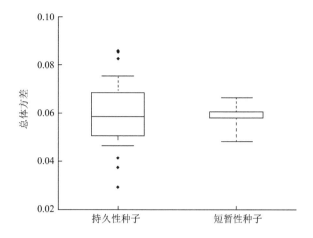

图 2.3 种子形状(种子方差)和种子持久性的关系

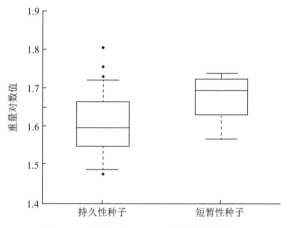

图 2.4 种子重量和种子持久性的关系

2.1.2.5 种子大小、种植年限与种子形状、种子重量和结种量的关系

对于大粒柠条种子,种植年限不仅与种子形状呈显著性负相关($P<0.05$),还与种子重量、结种量具有不显著负相关关系($P>0.05$),种子形状、种子重量、结种量均具有随种植年限增加而下降的趋势;对于小粒柠条种子,种植年限与结种量呈显著性正相关($P<0.05$)(表 2.3)。

对于大、中、小三种类型柠条种子,种植年限、种植年限与种子大小不能显著影响种子重量,但是种植年限、种子大小、种子大小与种植年限的二因素交互效应对种子形状与结种量有显著影响(表 2.4,种子形状:$P=0.000$、0.029、0.055;结种量:$P=0.000$、0.007、0.002),种植年限与种子形状均呈负相关(表 2.3)。

表 2.3 三种类型种子大小下不同种植年限与种子形状、种子重量和结种量的关系

(当相关性显著时才给出 P 值;当没有显著的相关性时(即 $P>0.05$)只给出变化趋势)

关系	大种子	中种子	小种子
种植年限-种子形状	($P=0.006$),—	—	—
种植年限-种子重量	—	+	+
种植年限-结种量	—	—	($P=0.002$),+

注:+,—分别代表两者关系为正相关,负相关。

表 2.4　种子大小和种植年限对种子形状、种子重量、结种量的影响

变异来源	平方和	自由度	均方	F 值	P
种子形状					
截距	0.159	1	0.159	2174.809	0.000
种子大小	0.002	2	0.001	11.506	0.000
种植年限	0.001	4	0.000	3.122	0.029
种子大小×种植年限	0.001	8	0.000	2.216	0.055
误差	0.002	30	0.000		
总计	0.165	45			
修正后总计	0.006	44			
种子重量					
截距	117.899	1	117.899	72679.796	0.000
种子大小	0.232	2	0.116	71.583	0.000
种植年限	0.007	4	0.002	1.098	0.375
种子大小×种植年限	0.018	8	0.002	1.389	0.241
误差	0.049	30	0.002		
总计	118.205	45			
修正后总计	0.306	44			
结种量					
截距	286.533	1	286.533	9562.967	0.000
种子大小	4.005	2	2.002	66.829	0.000
种植年限	0.514	4	0.128	4.286	0.007
种子大小×种植年限	0.983	8	0.123	4.100	0.002
误差	0.899	30	0.030		
总计	292.933	45			
修正后总计	6.400	44			

2.1.2.6　植株与种子的相关性

大粒柠条种子中:结种量与种子重量、种子长度呈显著负相关($P<0.05$),与种子宽度则呈极显著正相关($P<0.01$);种子总体方差与株高、新枝数、冠幅、盖度呈显著负相关($P<0.05$),与地上生物量、地下生物量极显著负相关($P<0.01$),与种子长度呈显著正相关($P<0.05$)(表2.5)。

小粒柠条种子中:结种量与株高、地上生物量、地下生物量呈极显著正相关($P<0.01$),与新枝数、冠幅、盖度呈显著正相关($P<0.05$);种子总体方差与种子长度呈显著正相关($P<0.05$)(表 2.6)。

表 2.5　柠条植株与大粒柠条种子性状的相关系数

	X1	X2	X3	X4	X5	X6	X7	X8	X9	X10	X11	X12	X13
X7	−0.268	−0.130	−0.202	−0.217	−0.069	−0.112	1						
X8	−0.216	−0.292	−0.159	−0.154	−0.142	−0.110	−0.573*	1					
X9	−0.460	−0.480	−0.188	−0.178	−0.334	−0.288	−0.596*	0.697**	1				
X10	−0.034	0.079	−0.156	−0.167	−0.011	−0.137	0.690**	−0.434	−0.744**	1			
X11	0.247	0.494	0.460	0.461	0.317	0.208	−0.035	−0.365	−0.225	0.133	1		
X12	−0.519*	−0.632*	−0.583*	−0.570*	−0.662**	−0.654**	−0.455	0.287	0.575*	−0.256	−0.265	1	
X13	0.391	0.399	0.269	0.268	0.451	0.354	0.030	−0.153	−0.561*	0.329	−0.010	−0.317	1

注:*表示 $P<0.05$;**表示 $P<0.01$,下同。X1 为株高;X2 为新枝数;X3 为冠幅;X4 为盖度;X5 为地上生物量;X6 为地下生物量;X7 为结种量;X8 为种子千粒重;X9 为种子长度;X10 为种子宽度;X11 为种子高度;X12 为种子总体方差;X13 为种子萌发率。

表 2.6　柠条植株与小粒柠条种子性状相关性分析

	X1	X2	X3	X4	X5	X6	X7	X8	X9	X10	X11	X12	X13
X7	0.770**	0.641*	0.615*	0.615*	0.673**	0.727**	1						
X8	0.347	0.548*	0.529*	0.523*	0.413	0.336	0.117	1					
X9	0.307	0.200	0.256	0.258	0.155	0.173	0.308	0.203	1				
X10	−0.723**	−0.758**	−0.675**	−0.680**	−0.605*	−0.554*	−0.490	−0.382	−0.036	1			
X11	0.493	0.584*	0.747**	0.749**	0.559*	0.573*	0.494	0.491	0.454	−0.514	1		
X12	0.229	0.184	0.144	0.148	0.127	0.060	0.196	0.066	0.583*	−0.244	−0.004	1	
X13	0.188	0.327	0.104	0.094	0.266	0.228	−0.023	0.335	−0.297	−0.186	−0.218	−0.002	1

注:*表示 $P<0.05$;**表示 $P<0.01$,下同。X1 为株高;X2 为新枝数;X3 为冠幅;X4 为盖度;X5 为地上生物量;X6 为地下生物量;X7 为结种量;X8 为种子千粒重;X9 为种子长度;X10 为种子宽度;X11 为种子高度;X12 为种子总体方差;X13 为种子萌发率。

2.1.3　讨论

2.1.3.1　不同种植年限柠条种子重量(大小)与结种量的均衡关系

生活史理论预测,由于不同环境条件下植物分配给种子的资源相对有限,在逆境或高的选择压力下,植物可能会选择生产少量而较大的种子保障幼苗的存活和建成(K 策略),或者选择生产数量多而小的种子以达到最大繁殖目的,进而提高物种在多变生境中的竞争优势及相对进化优势(r 策略),许多研究结果证实了这种预测(Lloyd,1987;Jakobsson et al.,2000)。在本研究中,人工柠条种子结种量与种子重量呈显著负相关,这种权衡关系随着种植年限的增加表现得更为显著。在种植早期,柠条生产的大种子较多,而在种植后期,小种子数量更多(表 2.2、图 2.2)。这主要在干旱少雨的气候条件下,人工柠条林土壤干燥化严重(王国华　等,

2021),柠条对结种量与种子重量进行权衡(即产生越来越多的小种子),以保证对恶劣环境适合度最大化。这与 Paul-Victor 等(2009)和汪洋等(2009)得出的土壤养分、光资源以及生长空间等环境因子变化下,植物种子数量与大小权衡更为显著的结论类似。另外,植物个体受精时间或者果实中竞争的胚珠数目可能也会对种子数量与大小的权衡产生一定的影响(张世挺等,2003)。

这种由 K 策略向 r 策略转变的繁殖对策说明不同的生活史阶段繁殖对策的转变是和环境胁迫紧密相关的,另一方面,不同生活史阶段植物生长和繁衍的策略也有极大不同。在种植前期(6~12 a):营养物质含量丰富的大种子形成的较大的幼苗对水、光和营养等资源的竞争力更强,在适应严酷的环境、面临干旱、营养缺乏、机械损害等威胁时更具有优势(Mark et al.,1992;Li et al.,2012),这种以质制胜的策略,可以更好地完成种群的更新与扩展。而种植后期(18~50 a)小种子则在空间和时间上拥有更好的拓殖方面的竞争优势。一方面,小种子有利于实现远距离的扩散,增加占领适宜生境的概率;另一方面,小种子容易进入土壤形成持久种子库,可以逃避被捕食的风险,为种群的更新与扩大提供种源。另外,小粒种子多度大、空间广、具有易流失的特性,种子流失可使没有萌发机会的种子重新分布,增加寻觅有利生境的机会。可见,种植前期柠条主要以 K 策略为主,以生产少量的大种子为主要繁殖方式,种植后期改变为 r 策略,即结种量以大量的小种子为主。

2.1.3.2 不同种植年限柠条种子形状与结种量的均衡关系

种子形状作为影响种子形态的重要性状,其相关特征对生态环境适应的可塑性也备受关注。研究表明,种子数量与种子形状之间存在着一定的负相关性,即种子形状越接近圆球形,结种量越大(靳瑰丽 等,2018)。本研究中:柠条种子的结种量与种子形状之间具有不显著的负相关关系(图 2.1),说明在长期适应环境的过程中种子形状的进化比较稳定。因为种子形状指数的变化综合了种子长、宽、高的三维信息,即使其长、宽、高会由于资源量波动对种子大小的影响而产生变化,但受种子长度、种子宽度、种子高度三者之间繁殖分配的"权衡"的影响,最终用三者总体方差大小反映的种子形状指数在种内水平上变化并不显著,种子形状具有很强的稳定性(彭闪江 等,2004)。这种种内形状指数的稳定性在一定程度可能掩盖了柠条种子形状与结种量的均衡关系。这与黄土丘陵沟壑区种子形状与结种量相关关系的结果一致(王东丽 等,2013)。

在本研究中:大粒柠条种子,其种植年限与种子形状之间存在显著负相关,且大、中、小粒柠条种子形状指数随着种植年限的增加均呈降低的趋势。近似圆球形的种子更易形成持久性种子(刘志民,2010),如本研究中种子形状与种子持久性相关的中种子;而且种子形状与散布方式、距离及植被分布密切相关(闫巧玲 等,2004),近圆球形的种子在自身重力或外力作用的影响下更容易发生滚动,二次分布的几率更大(王东丽 等,2013),进而增加到达合适生境的机会,进而决定萌发、存活、建植、定居及植被特征。可见,种子趋于圆球形为本研究区柠条提高适合度的有利种子形态策略之一。

2.1.3.3 不同种植年限柠条种子形态特征与种子持久性的关系

种子大小和形状与持久种子库的关系一直备受植被生态学家与恢复生态学家的关注,截至现在共出现 4 种格局。本研究中:小粒柠条种子更容易形成持久种子库(图 2.4)。新西兰植被、伊朗植物、西班牙中地地中海沿岸灌草丛群落中种子形态与种子持续性的关系也具有类似的格局(于顺利 等,2007a)。这种格局中小种子由于更容易被埋藏,被捕食的概率下降,另外,小种子不易被发现,大的结种量能够使其进入土壤的概率大大增加,从而为种群扩散、占领新的分布区提供大量的持久性种源,为异质生境的适应提供丰富的遗传基础。

同时在本研究中:虽整体来看种子形状与种子持久性相关性不显著(图 2.3),但大粒柠条种子长度与种子持久性呈显著性负相关(表 2.5)。这表明较圆的柠条种子也具有形成持久种子库的潜力。而 Thompson 等研究也表明:与细长或扁平种子相比,近圆球形种子更易形成持久种子库(刘志民,2010)。较圆的种子具有形成持久种子库的潜力可能与其形状更有利于种子滚动,可以通过土壤孔隙进入土壤,部分种子在土壤垂直面发生移动,进入更深土层,而且埋深与种子发芽及幼苗出土直接相关,过度的埋深会造成氧气缺乏或土壤机械阻力的加大,种子欠缺萌发的条件,从而抑制种子萌发和幼苗出土,可保证种子在土壤中维持持久性(Benve-nuti et al.,2001)。种子在土壤中易受微生物感染、腐坏(Blaney et al.,2001;Schafer et al.,2003),然而到达土壤深层不利于微生物感染、腐坏,增加维持持久性的优势,直到受到火灾、风倒和洪水等干扰作用,对于受干扰生态系统的植被更新具有重要意义。因此,产生具有持久性的小种子及具有潜在持久性的圆种子为本研究区柠条提高其生存适合度的有利种子形态策略之一。

2.1.3.4 不同种植年限柠条种子重量(大小)/形状与植物生长发育特征的相关性

种子形态特征一方面反映了物种的生物学特征,另一方面亦反映异质环境下植物的生态适应对策及进化机制。研究表明:种子与母株的相关性状会出现关联性,例如母株的个体大小、高度、冠幅等,这些指标的增大表示可以给后代供应更多的养分(袁会诊,2018),通过对种子重量、种子形状的影响,直接影响种子扩散与定居的能力(刘志民,2010)。本研究中:大粒柠条种子总体方差与株高、新枝数、冠幅、盖度呈显著负相关,与地上生物量、地下生物量呈极显著负相关(表 2.5);小粒柠条种子数量与株高、地上生物量、地下生物量呈极显著正相关,与新枝数、冠幅、盖度呈显著正相关(表 2.7)。随着株高等植株性状的增大,大粒柠条种子形状越来越圆,小粒柠条种子数量则越来越多,表明柠条植株的营养生长和生殖生长之间关系密切,即使 40~50 a 柠条植株受到了土壤含水量降低、干旱程度加剧的影响,柠条也通过营养器官的调节,增加生殖部分的配置,保证产生大量种子。另外,种植后期这种小种子越来越多的r 适应对策,不仅可以节约物质和能量,而且可以保证成熟母株也能够有充足的资源,最大可能地用于生长,以便在争夺和占据上层空间中更具竞争优势,应对类似灌丛"土壤肥岛"效应可能导致的丛间干扰,土壤养分、水分异质性加强等问题(赵文智 等,2003),从而促进种群的更新。并在风力和豆荚弹射力的帮助下使小种子远离母树,向外围扩散到更远的距离,从而有利于后代占据新的生态位,提高萌发与建植的成功率,促进植物种群基因的流动,最终促进了森林的更新。

2.1.4　结论

综上所述,晋西北黄土丘陵风沙区柠条种子形态具有以下特征:(1)结种量、种子重量、种子高度随着种植年限的增加,总体呈上升趋势,在 50 a 达到最大值,结种量、种子重量、种子高度的增加均以中小种子为主,而种子长度、种子宽度、种子平均方差则随着种植年限的增加,总体呈下降趋势,在 50 a 达到最小值,大中小种子均有不同程度的下降;(2)种子结种量与种子重量呈显著负相关,种植前期(6~12 a)采取结种量以大种子较多的 K 策略,种植后期(18~50 a)采取结种量以小种子为主的 r 策略;(3)种子持久性与种子重量密切相关,重量小的种子更易于形成持久种子库;(4)大粒柠条种子的总体方差随着种植年限的增加呈下降趋势,在 50 a 达到最小值;小粒柠条种子的结种量随着种植年限的增加呈上升趋势,在 50 a 达到最大值;(5)相关分析表明,大粒柠条种子:种子总体方差与株高、新枝数、冠幅、盖度呈显著负相关,与地上生物量、地下生物量呈极显著负相关;小粒柠条种子:结种量与株高、地上生物量、地下生物量呈极显著正相关,与新枝数、冠幅、盖度呈显著正相关。虽然 40~50 a 冠幅和盖度有所下降,但并未对种子形态的相关性状产生显著影响。不同种植年限柠条在长期进化过程中分别形成了与其自然生长环境相适应的形态特征和生态适应策略,这些结果不仅对于了解柠条适应该区干旱与土壤干燥化等问题的生态适应策略具有重要的生态学意义,而且可为晋西北丘陵风沙区柠条人工种群的管理、人工补播促进植被恢复的种源选择和当地的生态综合治理提供科学的指导依据。

2.2 柠条林种子自然更新早期过程对干旱胁迫的响应机制

沙漠与荒漠草原过渡区是我国沙漠化与风沙活动危害最为严重的区域,横跨我国北方地区且分布于极端干旱、干旱、半干旱等不同气候带(李新荣 等,2013;朱震达 等,1989)。为防止沙化土地进一步扩张,国家先后在风沙区启动了"三北"防护林、退耕还林和京津风沙源治理等以人工植被建设为主的一批重大生态建设工程(Wang et al.,2007)。目前,我国人工植被面积已达 6933 万 hm^2,占到全国林地面积的 36%。但在风沙治理区,大面积人工植被产生了退化、老化以及更新困难等问题(郭惠清,1997)。然而引起固沙人工林生长衰退的因素有很多,例如固沙树种选择、种植密度、林分结构以及环境条件等(鲍婧婷 等,2016)。因此,了解并掌握人工林天然更新所需条件对其实践经营具有重要意义。

柠条(*Caragana korshinskill*)是我国干旱半干旱地区的主要固沙植物,具有耐旱、抗风沙,根系发达等特征,在保持水土以及改善生态环境、缓解北方沙尘暴等灾害起到了积极有效的作用(史建伟 等,2011),其作为主要固沙树种之一,受到了极大关注。目前,国内外关于干旱对柠条锦鸡儿属植物在萌发、生长、繁殖及生理代谢等方面的影响已有大量报道。例如,在宁夏荒漠草原地区研究发现,柠条种子萌发率和萌发速率随着干旱的加剧呈先上升后下降的趋势(于露 等,2020);有研究表明在阿拉善地区,中度干旱使得柠条叶生物量、地上生物量和总叶片数目显著降低,但根冠比有所增加(Wu et al.,2009);另外,在西北干旱风沙区,干旱的加剧可使柠条叶片中游离脯氨酸和可溶性糖含量的积累量均持续上升(姚华 等,2009),且严重干旱对其叶片叶绿体结构造成不可恢复的破坏(徐当会 等,2012)。关于不同年限柠条的研究主要集中在生物量分配(杨明秀 等,2013;马占英,2020)以及根系特征的变化(牛西午 等,2003a;张帆 等,2012)等。关于人工植被年龄效应,已有研究表明植物营养可利用能力随林龄的增加而降低(Binkley et al. 1995),且植物叶片的光合能力均低于幼龄(Schoettle,1994)。然而,目前对长时间尺度下人工柠条林地干旱导致人工柠条林天然更新困难的研究还较少。

晋西北丘陵风沙区地处我国沙漠化扩展前沿,土壤沙化严重,是干旱半干旱地区中典型的生态过渡带与环境脆弱区,也是津京能源、水源和沙源之地,该地区长期以来成为"三北"防护林建设的重点区域(韩锦涛 等,2016)。随着植被恢复工程的深入实施,柠条逐渐成为当地的优势种,并且形成了老龄、中龄和幼龄三个不同发育阶段,这使得人工柠条林的稳定且持续性的发展受到了极大关注。在干旱半干旱地区,土壤水分在林木生长中起重要作用,同时也是治沙造林的主要限制因子(王晗生,2012)。一般认为,种子更新发生的必要条件是有充足且具备生命力的种子,以及有利于种子萌发的环境和幼苗生长的气候条件(朱教军 等,2005),而更新的关键过程在于种子萌发与幼苗存活生长(Fenner et al.,2005)。在天然条件下,柠条虽然可以成功结实并能够完成有性繁殖,但种子的萌发率和幼苗的存活率却极低(保长虎 等,2010)。已有研究表明,在毛乌素沙地柠条种子遇少量降雨能够萌发,但降雨之后长期的干旱会极度增大幼苗死亡的风险(郑明清 等,2006);在黄土高原丘陵沟壑区,由于水分限制,也极少有实生幼苗能够成活(李茜 等,2015;保长虎,2011);同时,种子萌发的好坏也会直接影响到幼苗的成活率(杨体强 等,2013),尤其是在干旱、半干旱的荒漠地区,适合种子萌发和低龄幼苗生长、存活的环境条件极其有限(孙毅,2016),虽然柠条根系较为发达,耐旱能力强,但低龄柠条幼苗也同样极易遭受干旱胁迫(王孟本 等,2010)。在晋西北丘陵风沙区,不同年限柠条均能顺利结实(王国华 等,2021),但由于当地土壤干燥化发生频繁,使得人工柠条林地出现大面积退化现象,严重制约了当地植被建设的成效以及区域生态的稳定(刘丙霞 等,2020)。因此,无论是在干旱、半干旱的荒漠区还是晋西北丘陵风沙区,柠条种子更新都与水分有关。但是,不同种植年限柠条林种子更新早期过程在干旱胁迫下是否能够顺利进行却不十分清楚。因此,本研究采用盆栽控制水分模拟干旱的方法,以晋西北丘陵风沙区不同年限柠条种子为试验材料,分析干旱胁迫对不同年限柠条种子萌发以及幼苗生理、生长状况的影响,通过主成分分析和隶属函数法对其抗旱性进行综合评价,探讨各年限柠条幼苗渗透调节物质、膜脂过氧化物、光合指标、株高、主根长以及叶片数等指标与抗旱性的关系,明确在苗期抗旱性的关键影响因素,为晋西北丘陵风沙区人工柠条林的经营管理与可持续发展提供指导,保障其发挥生态防护功能。

2.2.1 材料与方法

2.2.1.1 研究区概况

研究区位于晋西北丘陵风沙区的忻州市五寨县,气候属于温带大陆性气候,春季干旱、多大风天气,夏秋季节降水多,年降水量 478.5 mm,季节分配不均而且变率较大。年平均气温为 4.1～5.5℃,最冷月(1月)平均气温－13.2℃,最热月(7月)平均气温 20.0℃。年蒸发量在 2000～2300 mm,平均日照时数 2872 h,平均无霜期 125 d。研究区土壤类型主要以黄绵土为主,土壤肥力较低。研究区内人工植被覆盖,乔木主要有:小叶杨(*Populus simonii*)、油松(*Pinus tabulaeformis*)和旱柳(*Salix matsudana*);灌木主要有柠条;人工林下主要有:狗尾草(*Setaria viridis*)、胡枝子(*Lespedeza bicolor*)和披碱草(*Elymus dahuricus*)等。

2.2.1.2 试验设计

2.2.1.2.1 试验材料

试验所用种子于 2020 年 7—9 月采自晋西北丘陵风沙区不同年限(7 a、13 a、19 a、51 a)柠条灌木,同一年限柠条选取 5 株长势良好且均匀的柠条灌丛,采取成熟健康的种子,各年限种子自然风干并充分混合(表 2.7)。将所采集的土壤过 1 mm 孔径土壤筛,并于 105℃烘箱中烘干 48 h,使土壤中没有种子可以萌发。

2.2.1.2.2 试验方法

试验依据梁海斌等(2014)对晋西北丘陵风沙区土壤水分的研究,结合相关学者提出关于植物水分梯度划分的方法(Hsiao et al.,1973),设置适宜水分、轻度、中度和重度干旱胁迫,分别为土壤含水量占田间持水量的 70%～75%、55%～60%、40%～45% 和 30%～35%。

盆栽培植试验(陈春晓 等,2019)于 2021 年 4 月 19 日进行人工控制条件下的胁迫处理,所采集的种子将其置于室内黑暗干燥处风干储存备用。花盆直径和深度均为 15 cm,内装黄绵土,每个年限各处理 3 盆为 3 个重复。所用花盆用烧杯等量浇水,通过自然消耗至设定土壤含水量开始进行播种,选取籽粒饱满、大小基本一致且无病虫害的种子,不同年限的种子单独播种于花盆内,每盆播种 20 粒,行距和播深均为 2 cm。为防止系统误差,将花盆随机摆放并用标签进行标记。在种子出苗及植株生长期间按不同水分梯度进行胁迫处理,用烘干和称重相结合的方法控制土壤含水量,每天下午 6 时补充水分,使各处理土壤水分含量控制在设定范围内,为防止盆内水分蒸发,对花盆进行套袋处理。晴天自然光照,雨天遮雨棚覆盖,以防止天然降水的影响。每天记录出苗数,当幼苗数量达到最大后 2 周内再无幼苗出土时,视为萌发结束。在萌发结束 3 d 后开始干旱胁迫处理,胁迫持续时长为 30 d,试验结束统一收取植株,将样品迅速带回实验室,放入 4℃低温冰箱保存,测定各项指标。

表 2.7　种子及种子采集地基本概况

年限 (a)	海拔 (m)	株高 (m)	百粒重 (g)	出苗速率 (%)	土壤含水量 (%)	土壤类型
7	1392	131.00 ± 16.46	4.36 ± 0.38	58.15 ± 1.66	10.90	黄绵土
13	1434	139.17 ± 14.58	5.11 ± 0.06	64.81 ± 1.89	14.54	黄绵土
19	1435	147.33 ± 13.67	4.61 ± 0.07	61.48 ± 1.09	12.33	黄绵土
51	427	231.33 ± 16.69	4.07 ± 0.09	47.83 ± 1.51	9.54	黄绵土

2.2.1.2.3　测定指标

生理参数:丙二醛含量的测定用硫代巴比妥酸(TBA)法,游离脯氨酸含量的测定用茚三酮显色法,叶绿素含量的测定用 80%丙酮法,可溶性糖含量的测定用蒽酮比色法(张志良 等,2009)。

形态参数:在试验结束时测定幼苗的根长、株高和叶片数;茎长和根长用直接测量法,用精确到 0.01 cm 的直尺测量。株高测量根部以上部分;根长测量植物的主根长。

生物量测定:将植株的根、茎和叶于实验室晾干至恒重,测定茎生物量、叶生物量和根系生物量,其中根系生物量即为地下生物量(belowground biomass)。

2.2.1.3　抗旱性综合评价

利用主成分分析法将 4 个年限柠条苗期的 15 个指标(种子出苗率;幼苗生理指标:游离脯氨酸、可溶性糖和丙二醛;幼苗光合指标:叶绿素、叶绿素 a 和叶绿素 b;幼苗生长指标:主根长、株高、叶片数、根生物量、茎生物量、叶生物量和根冠比;幼苗死亡率)降维并筛选出抗旱性综合指标,然后采用隶属函数法进行抗旱性综合评价。

采用模糊数学隶属函数法对不同年限柠条种子抗旱性进行综合评价,求出不同年限柠条种子在干旱胁迫下的隶属函数值,累加各指标的具体隶属值,并求出平均值后进行比较,平均值越大植物的抗旱性越强(郭郁频 等,2014)。

2.2.1.4 数据处理

采用 SPSS21.0 进行 one-way ANOVA 和 Duncan 法进行方差分析和显著性检验($\alpha=0.05$)，用主成分分析及相关性方法分析各指标之间的关系。利用 Origin 2018 作图软件完成图像绘制。

2.2.2 结果与分析

2.2.2.1 干旱胁迫对不同年限柠条种子出苗率和死亡率的影响

不同年限柠条种子出苗率在干旱胁迫下差异显著（$P<0.05$），均随着干旱胁迫程度的增加呈下降趋势。在对照处理下，7 a、13 a 和 19 a 种子出苗率均达到了 90％及以上，51 a 最低为 75％；在重度胁迫下，51 a 种子出苗率最低，仅有 19.56％，而其他年限出苗率均高于 51 a（图 2.5a）。不同年限柠条幼苗死亡率在干旱胁迫下差异显著（$P<0.05$），均随干旱程度的增加呈上升趋势。各年限幼苗死亡率在重度胁迫下达到最大，分别为 69％、62.83％、65.5％和80.17％，51 a 在重度胁迫下死亡率最高（图 2.5b）。

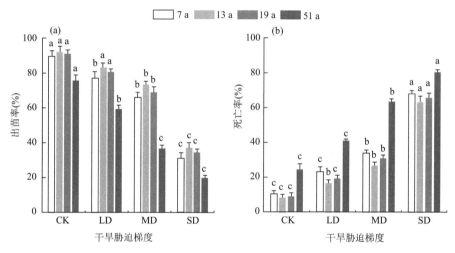

图 2.5 干旱胁迫下不同年限柠条种子出苗率和死亡率（不同字母代表同一年限不同干旱胁迫差异显著；
CK 为适宜水分；LD 为轻度干旱；MD 为中度干旱；SD 为重度干旱；
图中不同小写字母代表在单因素方差分析中不同处理存在显著差异（$P<0.05$））

2.2.2.2 干旱胁迫对不同年限柠条幼苗生理代谢的影响

不同年限柠条幼苗叶片渗透调节物质在干旱胁迫下差异显著（$P<0.05$）。游离脯氨酸含量随着干旱程度的加剧呈上升趋势。轻度干旱下，19 a 幼苗含量明显增加，其他年限幼苗游离脯氨酸含量增长缓慢；不同年限柠条幼苗均在重度胁迫时达到最大值，其中 19 a 最高，为 2682.73 $\mu g/g$。峰值与对照相比，13 a 游离脯氨酸含量上升幅度最多为 524.01％，51 a 增幅最小且积累量均低于其他年限（图 2.6a）。

不同年限柠条幼苗可溶性糖含量在干旱胁迫下逐渐升高。在轻度胁迫时，各年限柠条幼苗可溶性糖含量均有小幅上升；在重度干旱时，13 a 柠条幼苗可溶性糖含量与对照相比增幅最大，为 98.82％；19 a 可溶性糖含量在中度胁迫下最高，而 51 a 含量在各处理下值最低。7 a 在中度和重度胁迫下差异不显著（图 2.6b）。

不同年限柠条幼苗叶片丙二醛（MDA）含量在干旱胁迫下差异显著（$P<0.05$）。当幼苗遭受干旱胁迫时，MDA 含量表现出先减少后增加的趋势。轻度干旱下 MDA 含量最小（51 a

除外),7 a,13 a,19 a 分别为 14.9963 $\mu mol/g$、12.5662 $\mu mol/g$、13.6406 $\mu mol/g$;在中度干旱时增幅较为缓慢,重度胁迫时,MDA 含量快速积累,明显高于对照。51 a 幼苗 MDA 含量均高于其他年限(图 2.6c)。

2.2.2.3 干旱胁迫对不同年限柠条幼苗光合特性的影响

不同年限柠条幼苗叶片光合生理指标在干旱胁迫下差异显著($P<0.05$)。随着胁迫程度的增加,叶绿素 a、b 含量及叶绿素含量总体呈先上升后下降的趋势。在干旱胁迫下,7 a 叶片叶绿素 a、b 含量呈现升—降—升的趋势;13 a 叶绿素 a 含量在中度胁迫下达到最大为 2.18 mg/g,随后降低;19 a 叶绿素 a 含量在轻度和中度胁迫时最高,后逐渐减少;51 a 叶绿素 a 含量最低(图 2.6d)。在中度干旱下,13 a 叶片叶绿素 b 含量最高,与对照相比增加了 74.31%;19 a 和 51 a 叶绿素 b 含量差异不显著(图 2.6e)。在轻度和中度干旱下,13 a 和 19 a 叶绿素含量均高于对照组,分别为 2.4003 mg/g 和 2.0678 mg/g;在重度胁迫下,不同年限(7 a,13 a,19 a,51a)幼苗叶片叶绿素含量降至最低,与对照相比分别下降了 54.27%、41.07%、45.39% 和 56.69%(图 2.6f)。

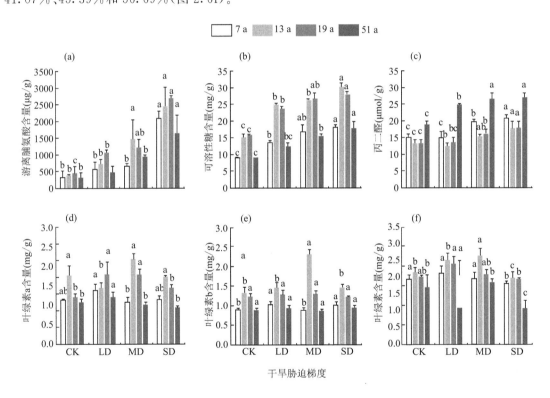

图 2.6　干旱胁迫下不同年限柠条幼苗叶片的游离脯氨酸、可溶性糖、丙二醛(MDA)、叶绿素 a、叶绿素 b 和叶绿素含量的变化(不同字母代表同一年限不同干旱胁迫差异显著;CK 为适宜水分;LD 为轻度干旱;MD 为中度干旱;SD 为重度干旱;图中不同小写字母代表在单因素方差分析中不同处理存在显著差异($P<0.05$))

2.2.2.4 干旱胁迫对不同年限柠条幼苗生长状况的影响

2.2.2.4.1 干旱胁迫对不同年限柠条幼苗株高、主根长和叶片数的影响

干旱胁迫下,不同年限柠条幼苗株高差异显著($P<0.05$),均随着干旱胁迫程度的加剧呈下降趋势。在重度干旱时,不同年限(7 a,13 a,19 a,51a)下株高分别减少了 48.41%、

45.60％、46.37％和53.13％(图2.7a)。幼苗主根长在轻度和中度干旱下与对照相比差异不显著,在重度干旱下,根长相对较长,4种年限较对照相比分别增长了32.02％、39.84％、32.42％和29.48％(图2.7b)。随着干旱程度的增加,不同年限幼苗单株叶片数量逐渐降低,在重度干旱下各年限单株叶片数目最少,与对照相比分别减少了65.68％、49.45％、49.48％和71.10％;13 a幼苗叶片数均高于其他年限(图2.7c)。

2.2.2.4.2 干旱胁迫对不同年限柠条幼苗生物量的积累及分配的影响

干旱胁迫下,不同年限柠条幼苗地上生物量、地下生物量和总生物量积累差异显著($P<$0.05),随着干旱胁迫程度的增加,各部分生物量的积累均呈下降趋势。在重度胁迫下,各年限柠条幼苗生物量的积累量降至最低,与对照相比分别减少了64.47％、55.27％、55.24％和65.88％;13 a幼苗生物量积累均高于其他年限,51 a的生物量积累最少(表2.8)。

根冠比是植物地上、地下生物量分配策略的体现,由图2.7d可以看出,干旱胁迫下不同年限柠条幼苗的根冠比均随干旱程度的增加呈上升趋势,13 a幼苗根冠比在重度干旱下达到最大,较对照增加了104.29％;19 a增长幅度次之,较对照增加了98.61％;51 a柠条幼苗根冠比相较于其他年限最低。

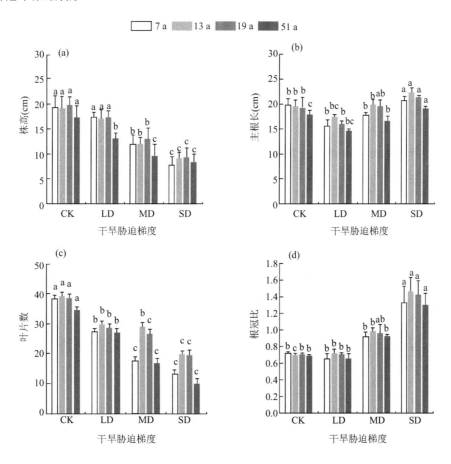

图2.7 不同年限柠条幼苗的株高、主根长、叶片数和根冠比的变化(不同字母代表同一年限不同干旱胁迫差异显著;CK为适宜水分;LD为轻度干旱;MD为中度干旱;SD为重度干旱;图中不同小写字母代表在单因素方差分析中不同处理存在显著差异($P<$0.05))

表 2.8 干旱胁迫下不同年限柠条幼苗的生物量

| 年限 | 指标 | 干旱胁迫梯度 | | | |
		CK	LD	MD	SD
7	AGB(g)	$1.31+0.02^a$	$0.71+0.04^b$	$0.39+0.03^c$	$0.22+0.01^c$
	BGB(g)	$0.92+0.02^a$	$0.51+0.02^b$	$0.38+0.02^c$	$0.28+0.04^c$
	TB(g)	$2.23+0.05^a$	$1.22+0.05^b$	$0.77+0.04^c$	$0.50+0.05^c$
13	AGB(g)	$1.33+0.04^a$	$0.73+0.03^b$	$0.41+0.04^c$	$0.24+0.01^d$
	BGB(g)	$0.94+0.01^a$	$0.58+0.03^b$	$0.40+0.03^{bc}$	$0.33+0.02^c$
	TB(g)	$2.27+0.03^a$	$1.31+0.02^b$	$0.81+0.07^{bc}$	$0.57+0.01^c$
19	AGB(g)	$1.31+0.04^a$	$0.71+0.02^b$	$0.42+0.00^c$	$0.23+0.01^c$
	BGB(g)	$0.92+0.01^a$	$0.52+0.03^b$	$0.39+0.03^c$	$0.32+0.01^c$
	TB(g)	$2.23+0.03^a$	$1.23+0.03^b$	$0.81+0.03^c$	$0.55+0.00^c$
51	AGB(g)	$1.30+0.02^a$	$0.68+0.03^b$	$0.38+0.03^c$	$0.19+0.00^c$
	BGB(g)	$0.90+0.00^a$	$0.48+0.03^b$	$0.35+0.02^b$	$0.25+0.03^b$
	TB(g)	$2.20+0.02^a$	$1.17+0.06^b$	$0.74+0.04^c$	$0.44+0.03^d$

注:AGB 为地上生物量;BGB 为地下生物量;TB 为总生物量。不同字母上标表示同一年限不同干旱胁迫差异显著（$P<0.05$）。

2.2.2.5 不同年限柠条幼苗抗旱性主成分分析

为避免各指标间因相关性而造成的信息重叠,利用多元方法对不同年限柠条幼苗的抗旱性进行科学评价与分析(赵小强 等,2020)。通过主成分分析,以累计方差贡献率大于 80% 且特征值≥1 作为判断条件(蔺豆豆 等,2021),将干旱胁迫下 15 个鉴定指标转换成 3 个主成分,作为综合指标(comprehensive index,CI)。同一指标特征向量的最大绝对值所在主成分即为所属主成分(仝情 等,2018)。第 1 主成分中株高系数最大,其次是叶片数、茎生物量和叶生物量,大致概括为生长状况因子,解释 59.323% 的贡献率;第 2 主成分中叶绿素 a 系数最大,其次是叶绿素 b 和叶绿素含量,可概括为光合因子,解释 14.260% 的贡献率;第 3 主成分中游离脯氨酸系数最大,其次是可溶性糖和 MDA,可概括为生理代谢因子,解释 9.433% 的贡献率。因此,生长状况因子可概括为反映幼苗抗旱性能的重要指标,其次是光合因子和生理代谢因子(表 2.9 和图 2.8)。

表 2.9 不同年限柠条各指标主成分分析

主成分	Cl_1	Cl_2	Cl_3
特征值	9.492	2.282	1.511
贡献率	59.323	14.260	9.433
累计贡献率	59.323	73.583	83.016

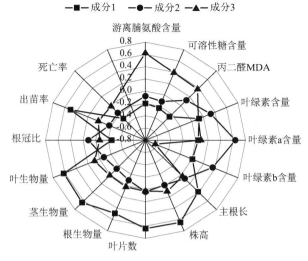

图 2.8　所测 15 个相关指标主成分特征向量

2.2.2.6　不同年限柠条幼苗抗旱性隶属函数分析

采用单一指标评价植物的抗旱性具有一定的片面性,隶属函数提供了一种在多指标测定基础上对植物进行综合评价的途径,它可以克服利用少数指标对植物抗旱性进行评价的不足(张志良 等,2009)。表 2.10 表明,不同年限柠条幼苗的各项隶属函数的平均值分别为 0.443、0.469、0.450 和 0.428,其抗旱能力大小为 13 a>19 a>7 a>51 a。

表 2.10　干旱胁迫下不同年限柠条各测定指标的隶属函数值

测定指标			7 a	13 a	19 a	51 a
种子出苗率			0.108	0.250	0.151	0.151
生理指标	渗透调节物质	游离脯氨酸	0.321	0.373	0.334	0.303
		可溶性糖	0.503	0.412	0.488	0.635
	膜脂过氧化物	丙二醛	0.677	0.657	0.644	0.697
光合指标		叶绿素	0.512	0.495	0.489	0.552
		叶绿素 a	0.424	0.505	0.343	0.356
		叶绿素 b	0.417	0.422	0.487	0.459
生长指标		主根长	0.574	0.392	0.486	0.537
		株高	0.532	0.504	0.557	0.444
		叶片数	0.605	0.960	0.964	0.409
		地上生物量	0.476	0.528	0.447	0.534
		地下生物量	0.500	0.547	0.493	0.530
		根冠比	0.397	0.322	0.260	0.235
幼苗死亡率			0.149	0.192	0.150	0.149
平均值			0.443	0.469	0.450	0.428
抗旱排名			3	1	2	4

2.2.3 讨论

2.2.3.1 干旱胁迫对不同年限柠条种子出苗率及死亡率的影响

在植物实生更新过程中，种子经散布、萌发，到形成完全独立的幼苗，是其有性繁殖更新过程得以实现的关键环节(Walck et al.,2011)，幼苗阶段是生长最为脆弱、对环境变化最为敏感的时期，也是个体数量变化最大的时期，因此也成为植物种群生活史中亏损的主要阶段(刘从等，2018)。本研究发现，干旱胁迫对不同年限柠条种子出苗率有明显的抑制作用，出苗率均随干旱胁迫的加剧逐渐下降。其中，7 a、13 a 和 19 a 柠条种子出苗率在土壤极度缺水的情况下能够达到 36%、37.16% 和 34.50%，而 51 a 出苗率最低为 19.56%；随着土壤水分含量降至最低时，51 a 幼苗死亡率最高，可达 80.17%。这可能是由于重量较大的种子具有较为充实的储存物质，从而能够提供更多的营养物质(傅家瑞，1984)，使其具有更大的萌发能力。这与曾彦军等(2002)的研究结果一致，说明土壤水分的极度缺乏使得干旱半干旱地区植物的有性生殖在落种萌发时受到抑制。

2.2.3.2 干旱胁迫对不同年限柠条幼苗生理指标的影响

苗期是植物对水分胁迫最为敏感的阶段，此时遭受干旱会对后续的生长发育造成不良影响，甚至会导致死亡(汤章城 等，1983)。植物受到干旱胁迫时，叶片内均会产生大量的渗透调节物质，通过产生有机质溶质来维持渗透势以保持细胞继续吸水，使叶片细胞组织具有一定的持水力或使其免于脱水，从而对胁迫起到缓冲保护作用(Ashraf et al.,2007)。本研究发现，13 a 和 19 a 叶片在轻度和中度胁迫下可溶性糖及游离脯氨酸含量均有增加，对环境胁迫的抵抗发挥着重要作用。相关分析表明，与各年限柠条幼苗生长呈显著相关的生理指标多集中于渗透调节物质和叶绿素，且大多呈极显著相关关系($P<0.01$，表 2.11)。这说明在干旱的影响下，渗透调节物质对维持叶片水分平衡具有重要影响，而叶绿素是保证植物正常光合作用的重要指标，二者共同对植物的生长起着关键作用。

丙二醛是膜脂过氧化的主要产物之一，对细胞具有毒性，当植物受到胁迫时，细胞内氧自由基会大量积累，使膜脂脂肪酸中的不饱和键被过氧化形成 MDA，这是造成细胞膜损伤、导致细胞死亡的重要原因(李磊 等，2010)。本研究发现，各年限幼苗 MDA 含量随干旱程度的增加均呈现逐渐增加的趋势，但在轻度和中度干旱下，13 a 和 19 a 幼苗 MDA 含量虽有增加，但增加幅度不大；重度干旱下 MDA 含量增加较为显著，具有持续、快速累加的效应，说明极度的缺水使幼苗受到较重的伤害。因此在重度干旱下，51 a 幼苗 MDA 明显升高，细胞膜损坏严重，导致死亡率增加。

植物遭受水分胁迫达到一定程度时，光合作用便完全或部分受到抑制，影响叶绿体的结构和活性(云建英 等，2006)，叶绿素 a 相较于叶绿素 b 来说对水分胁迫更为敏感，因而更加容易被分解破坏(张明生 等，2001)。本研究发现，13 a 和 19 a 幼苗在轻度和中度干旱胁迫下叶绿素 a、b 以及叶绿素含量较高，此时正处于渗透调节物质的高值区，可通过维持气孔开放，保证光合作用的正常进行，保障植物的生长；在重度胁迫处理下，叶片叶绿素含量降低，这可能是由于幼苗叶片水分含量减少的原因。这与裴保华等(1993)对柠条耐旱性研究结果相似。

2.2.3.3 干旱胁迫对不同年限柠条幼苗生长指标及生物量指标的影响

植物是一个功能平衡体，各功能单位的大小与整个植株是相互协调的，地上部和地下部所占的生物量是一定比例的，比例失调会对植物的正常生长不利(薛海霞 等，2016)。本研究发现,在各处理初期,不同年限柠条幼苗在外部形态上表现差异不明显;在中度和重度胁迫处理的后半期,幼苗叶片变黄、卷曲发干等。本研究发现,不同年限柠条幼苗株高和叶片数均随干旱程度的加剧呈减少的趋势,根长则有所增加,尤其是 13 a 和 19 a 幼苗根长增幅较大,这可能是由于此时游离脯氨酸含量较高,能够促进幼苗根系生长。同时,在干旱程度加剧的情况下,各年限幼苗根冠比显著增大,表明生物量分配向根系转移,可见各功能器官对于干旱胁迫响应的敏感性不同,幼苗将更多的生物量用于根的生长发育。这与牛存洋等(2013)对小叶锦鸡儿的研究结果相似。由此可见,随着干旱胁迫的加剧,幼苗将相对多的光合产物用于构建营养器官(根系),以加强自身的竞争能力来维持幼苗自身的水分和其他物质的平衡。

表 2.11　不同年限柠条幼苗生长与生理指标相关性分析

年限	指标	渗透调节物质		丙二醛	叶绿素
		游离脯氨酸	可溶性糖		
7 a	株高	0.829**	0.802**	−0.670*	0.539
	主根长	0.564	0.777*	−0.452	0.759*
	叶片数	0.426	0.766*	−0.711*	0.836**
	总生物量	0.683*	0.849**	−0.310	0.792*
13 a	株高	0.818**	0.743**	−0.749**	0.538
	主根长	0.917**	0.824**	−0.414	0.892**
	叶片数	0.675*	0.742*	−0.816**	0.826**
	总生物量	0.886**	0.833**	−0.468	0.749*
19 a	株高	0.837**	0.438	−0.457	0.752*
	主根长	0.798*	0.823**	−0.610*	0.875**
	叶片数	0.677*	0.774*	−0.971**	0.815*
	总生物量	0.596	0.463	−0.379	0.636
51 a	株高	0.527	0.638*	−0.837**	0.233
	主根长	0.846**	0.553	−0.454	0.858**
	叶片数	0.795*	0.485	−0.443	0.673*
	总生物量	0.947**	0.519	−0.348	0.717*

注:$n=12$,*:表示显著相关($P<0.05$),**:表示极显著相关($P<0.01$)。

2.2.3.4　干旱胁迫对不同年限柠条种子天然更新过程可能的影响机制

本研究发现,干旱以及老龄柠条种子是造成人工柠条林天然更新困难的障碍因子,当人工柠条林达到老龄阶段时,其种子萌发及幼苗抗旱性逐渐减弱。本研究进一步推测了干旱对不同年限柠条种子天然更新过程的影响(图 2.9),即干旱环境信号作用下,幼苗以营养生长为主,通常还会出现一些明显可见的表型特征,如叶片萎蔫、发干,株高、叶片数下降等。青壮年(13 a 和 19 a)柠条种子幼苗在轻度和中度胁迫下以地上部分为主,在重度干旱下加大对地下营养器官的构建。通过调节生理代谢、改善光合特性,降低幼苗死亡率,保障幼苗存活率,最终达到耐旱的目的。

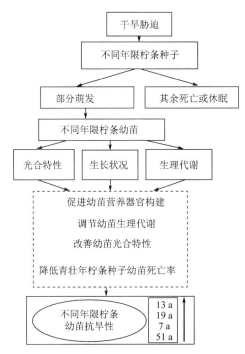

图 2.9　干旱胁迫对不同年限柠条种子天然更新过程可能的影响机制

2.2.4　结论

本研究发现,不同年限柠条种子抗旱性存在一定的差异,13 a 和 19 a 柠条种子在重度干旱下仍有较高的出苗率,而 51 a 出苗率则最低;干旱对不同年限柠条幼苗的影响主要通过生长状况表现出来,幼苗在轻度和中度干旱下主要以地上部分进行光合作用促进生长,13 a 和 19 a 幼苗在重度胁迫下,相较于地上部分而言,主要增加根系投入,从而有效促进根系吸收水分;在生理代谢方面,13 a 和 19 a 幼苗能够积累大量游离脯氨酸和可溶性糖,来维持叶片渗透压,以避免细胞脱水,使得叶绿素在轻度、中度干旱下轻微增加,同时将 MDA 维持在较低水平,使幼苗维持正常体内生长环境。综合生长因子、生理代谢以及光合因子的互相影响,使青壮年(13 a 和 19 a)柠条幼苗减少死亡率,保障幼苗生长发育。因此,在促进人工柠条林种子更新时,创造有利于青壮年柠条种子天然更新的生境,在林龄较大的衰退林分,选用青壮年柠条种子进行人工补播。

第3章 柠条林组织结构特征

3.1 柠条个体生长与繁殖动态特征

柠条锦鸡儿,大范围分布在中亚地区,以及我国西北、华北和东北等干旱半干旱地区。由于柠条根系极为发达,有较强的抗逆性和适应性,同时具有很好的涵养水源、保持水土以及改良林地土壤等作用,因此其在干旱半干旱风沙区水土保持和固沙造林实践中有大面积栽植(牛西午,2003)。科学认识人工种植柠条的生长、发育、繁殖和更新及其与降水和土壤水文过程的相互关系并探索适宜的恢复措施,对中国三北(华北、西北、东北)地区人工植被的建设和生态恢复具有十分重要的指导意义(Wang et al.,2015)。

在全球气候变化和人类活动加剧的背景下,中国沙漠化面积呈扩大趋势,为了改善生态环境,人工植被种植成为有效手段(赵文智 等,2018;何志斌 等,2005),关键植物种生理生态研究成为近年来研究的热点。柠条作为不同水土流失地区种植面积最大的植物种之一,得到了极大的关注。例如,在西北干旱风沙区,高冉等(2020)发现,种植柠条有利于促进土壤团聚体稳定性的提升;王新平等(2002)在腾格里沙漠沙坡头地区发现,干旱年柠条在降水相对集中且丰沛的月份具有较高的蒸散量。而在内蒙古农牧交错带地区,阿拉木萨等(2002)研究发现,在人工柠条林 70 cm 土层中土壤含水量低于凋萎湿度;高玉寒等(2017)发现,种植 10 a,柠条林 200 cm 土壤层出现干燥化现象。在黄土高原地区,崔静等(2018)研究表明,柠条林下草本植物种类以 30 a 生柠条林最为丰富;Xie 等(2014)研究发现,与均质土壤相比,柠条在层状土壤中具有较深的土壤水补给和较高的年实际蒸腾量。在人工柠条林繁殖方面,研究多集中于不同生境下柠条的繁殖特征。孙黎黎等(2010)通过调查黄土高原 12 个柠条人工种群样地,发现生长在阳坡的柠条无性繁殖较阴坡旺盛;保长虎(2011)研究发现,柠条人工种群在黄土高原阴坡生境下的单株荚果产量最多,而柠条种子的饱满率则以半阳坡、阳坡和峁顶较高。然而,人工种植植被的生长、发育和繁殖以及对生态环境的影响都是一个连续而漫长的过程,目前对长时间尺度(尤其是 50 a 以上)人工种植植被的生长和繁殖动态变化特征的研究还较少。

晋西北丘陵风沙区与陕西、内蒙古风沙区相邻,气候多变,风沙活动强烈,生态环境脆弱,是我国风沙活动危害最严重的地区之一,也是环京津地区建立防风固沙生态屏障的重点区域(严俊霞 等,2013)。20 世纪 70 年代,为了有效遏制风沙危害、改善水土流失状况,该地区开展了一系列以种植柠条为主要生态修复措施的生态建设工程(马子清,2000)。但近年风沙治理区,水资源短缺与大面积人工植被恢复建设的矛盾导致人工固沙植被生长发育缓慢甚至停滞,出现了"小老树"的现象(郭惠清,1997;韩蕊莲 等,1996),同时,由于种植结构单一,群落结构简单,种植密度大和管理粗放等原因,出现了土壤干燥化(杨文治 等,2004)和人工种植柠条大面积退化的现象,这严重阻碍了固沙植被恢复,极大地降低了人工林的生态效益和经济效益

（温仲明 等，2005）。本研究以晋西北丘陵风沙区人工种植柠条为对象，通过野外样地调查，分析在不同种植年限[0（撂荒地）、6 a、12 a、18 a、40 a、50 a]柠条林土壤水分状况，以及 6～50 a 生柠条的生长及其繁殖能力特征，为晋西北丘陵风沙区柠条人工种群的管理和当地的生态综合治理提供科学依据。

3.1.1 研究地区与研究方法

3.1.1.1 研究区概况

研究区位于晋西北丘陵风沙区的忻州市五寨县石咀头村（海拔 1397～1533 m）。本区气候属温带大陆性气候，春季气候干旱，多大风天气，夏秋季节降雨较集中。年降水量 478.5 mm，年蒸发量 1784.4 mm，年平均风速 2.8 m/s，年平均气温 4.1～5.5 ℃，最冷月（1 月）平均温度−13.2 ℃，最热月（7 月）平均温度 20.0 ℃，平均日照时数 2872 h，平均无霜期 125 d。该区土壤类型主要以黄绵土、淡栗褐土为主，土壤肥力较低。地区内为人工植被覆盖，乔木主要有小叶杨（*Populus simonii*）、旱柳（*Salix matsudana*）和油松（*Pinus tabuliformis*），灌木主要有人工柠条林（*Caragana korshinskii*），林下草本植物有白羊草（*Bothriochloa ischaemum*）、蒿类（*Artemisia* spp.）、沙蓬（*Agriophyllum squarrosun*）等。

1970 年以来，为了我国三北防护林工程的建设和地区经济的发展，在该区域人工种植了大量柠条，并成为了当地最重要的优势植物种。现存柠条分别造林于 20 世纪 70 年代、80 年代和 2002 年、2014 年和 2018 年，形成了 6 a、12 a、18 a、40 a 和 50 a 的一个柠条人工固沙植被时间序列，播种方式为条播，播种行距为 2 m，主要分布于阳坡、半阳坡及峁顶等生境条件下。现存人工柠条植被密度大，管理粗放，仅在 21 世纪初对 50 a 生柠条曾有过大范围平茬。由于流动沙丘在种植柠条以前，土壤性状基本相同，因此可以认为柠条种植以前土壤基质是一样的。因此，本研究利用空间代替时间的方法，对不同种植年限柠条生长特征变化和土壤含水量进行对比和动态分析。

3.1.1.2 野外柠条土壤水分和生长繁殖调查

于 2020 年 7—9 月选取坡度、坡位、坡向等立地条件相似、群落发育较为完整且未平茬的 5 个（6 a、12 a、18 a、40 a 和 50 a）不同年限典型柠条林为调查样点，同时选择撂荒地作为对照（0 年，CK）。采用巢式取样法在每个年限种植地选取 3 个样点，每个样点间距大于 200 m，在每个样点分别设置 3 个 20×20 m² 柠条样方，每个样方间距约 25 m，在每个样方内，选取 5 株长势良好且均匀的柠条灌丛（表 3.1）作为取样和测量灌丛。作为深根系植物，柠条根系形状类似于圆柱形。因此选取距离灌丛基茎周围 20 cm 的东、西、南、北 4 个取样点作为根系取样点，利用根钻取样，取样深度为 100 cm。利用德国产 STEPS 土壤五参数分析仪（型号 COMBI 5000）的 SMT 100 传感器探头对土壤剖面的土壤水分进行测量，测深 100 cm，分层提取，每 20 cm 为一层，每层测 5 个点（相隔 4 cm）。将所采集土壤样品带回实验室，去除根系上泥土后放入烘箱，于 80 ℃下烘干至恒重。对所选灌丛测定高度、冠幅、复叶数作为植物的形态特征，同时对取样柠条灌丛按照叶、枝条和茎干分别取样，同时收集柠条种子，种子自然晾干至恒重，称量种子质量。地上生物量在 80 ℃下烘干至恒重，测量生物量。

表 3.1　样地基本信息

样地	海拔(m)	坡位	坡向	坡度(°)	行距(m)	土壤类型
	1394					
CK	1393	平地	—	2	—	黄绵土
	1394					
	1392	上				
6 a	1390	中	南	8	2	黄绵土
	1389	下				
	1434	上				
12 a	1433	中	南	4	2	黄绵土
	1431	下				
	1435	上				
18 a	1434	中	东南	4	2	黄绵土
	1431	下				
	1323	上				
40 a	1321	中	南	5	2	黄绵土
	1431	下				
	1428	上				
50 a	1427	中	西南	5	2	黄绵土
	1425	下				

3.1.1.3　柠条生理指标测定

叶绿素含量采用 80％丙酮法测定,选取新鲜叶片样品 0.1 g,剪碎,磨匀,加丙酮溶液于室温黑暗浸提 24 h 后测量,提取液分别在波长 663 nm、649 nm 和 470 nm 下测定吸光度,通过 Lambert-Beer 定律计算叶绿素 a、叶绿素 b、类胡萝卜素和总叶绿素含量(mg/g)(张志良 等,2009)。

3.1.1.4　柠条种子活力测定

为了估计不同种植年限柠条繁殖能力,除了计算柠条种子数量和质量,还采用种子萌发速率反映种子活力。试验开始前,用 1/10000 电子天平对单个种子称重并将种子按照质量分为大、中、小三组:大组种子质量为 0.061~0.080 g;中组种子质量为 0.041~0.060 g;小组种子质量为 0.021~0.040 g。

将健康饱满的种子置于直径为 90 mm 培养皿中浸湿的滤纸上萌发,胚根出现则认为已经萌发。发芽开始后,每天记录萌发种子数量,并将萌发种子移走,为保证滤纸湿润,每天加入蒸馏水。不同年限 3 个重复,每个重复 30 粒种子,记数直到连续 5 d 不出现发芽种子时为止。然后,从培养皿中取出未萌发种子检测其活力。将未萌发种子放在 30 ℃水中浸泡 24 h,去掉种皮。再将胚浸泡在 30 ℃的 1% TTC(氯化三苯基四氮唑)溶液中 24 h。粉红色的胚记为有活力(刘志民,2010)。

3.1.1.5 数据处理

试验数据分析采用 SPSS 21.0,通过单因素方差分析(one-way ANOVA)和最小显著差异法(LSD)在 95%的置信水平上,用 Duncan 显著性检验方法比较不同林龄柠条光合生理、形态、生物量、繁殖和萌发的差异性。采用萌发速率(germination rate,GR)G_R(闫兴富 等,2015)评价种子活力。

$$复叶比叶面积 = \frac{复叶面积}{复叶干重} \tag{3.1}$$

$$G_R = \sum (100G_i/nt_i) \tag{3.2}$$

式中,n 为每一处理使用的种子数,G_i 为 t_i($t_i = 0, 1, 2, 3, \cdots, \infty$)天萌发的种子数;萌发速率越大,表示萌发越快。

3.1.2 结果与分析

3.1.2.1 不同林龄柠条土壤水分变化

由图 3.1 可以看出,随着林龄的增加,土壤含水量呈波动下降趋势。种植前期(0~6 a)柠条土壤含水量平均值从 13.6%下降到 12.1%;种植中期(6~18 a)从 12.1%上升到 15.0%,在 18 a 土壤水分达到最高;种植后期(18~50 a)从 15.0%下降到 11.1%,50 a 生柠条土壤含水量最低。各林龄柠条土壤剖面含水量随土壤深度的增加呈先增高、后降低的趋势。土壤含水量在 0~40 cm 较低,40~80 cm 较高,80~100 cm 较低。

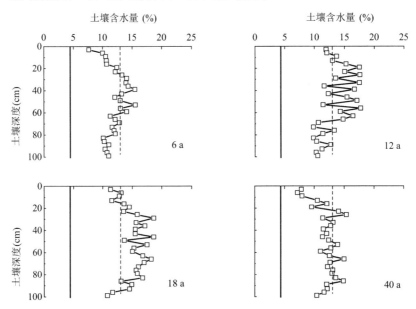

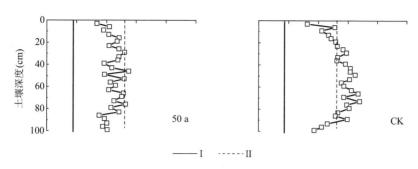

图 3.1　不同林龄柠条土壤含水量随土壤深度的变化

（Ⅰ：凋萎湿度；Ⅱ：土壤稳定湿度）

3.1.2.2　不同林龄柠条地上(枝条和叶片)和地下(根系)生物量

由图 3.2 可以看出,随着林龄的增加,柠条生物量呈上升趋势:枝条生物量从 6 a 的每丛 0.44 kg 上升到 50 a 的每丛 9.63 kg;叶片生物量从 6 a 的每丛 0.15 kg 上升到 50 a 的每丛 0.91 kg;根系生物量从 6 a 的每丛 0.28 kg 上升到 50 a 的每丛 0.37 kg。

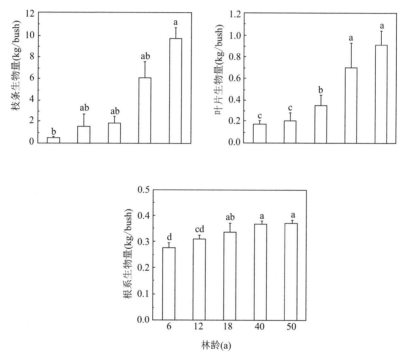

图 3.2　不同林龄柠条地上和地下生物量

（图中不同小写字母代表在单因素方差分析中不同处理存在显著差异($P < 0.05$)）

3.1.2.3　不同林龄柠条光合生理特征

由图 3.3 可以看出,随着林龄的增加,柠条叶片光合生理指标含量均呈下降趋势。6～50 a,叶片叶绿素 a 含量从 1.73 mg/g 下降到 0.94 mg/g;叶绿素 b 含量从 0.58 mg/g 下降到 0.35 mg/g;类胡萝卜素含量从 0.36 mg/g 下降到 0.19 mg/g;总叶绿素含量从 2.23 mg/g 下降到 1.26 mg/g。6～50 a,叶绿素 a、b、类胡萝卜素和总叶绿素含量分别下降了 46%、40%、

47%、43%。

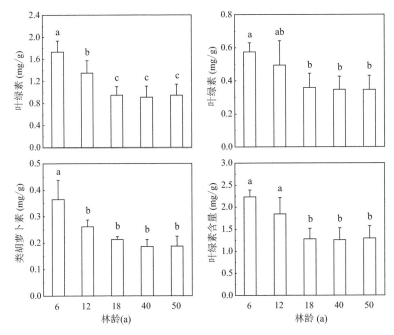

图 3.3　不同林龄柠条叶片光合能力的变化

（图中不同小写字母代表在单因素方差分析中不同处理存在显著差异（$P < 0.05$））

3.1.2.4　不同林龄柠条形态特征

由图 3.4 可以看出，随着林龄增加，柠条冠幅、株高和复叶比叶面积均呈先上升后下降的趋势，其中在 40 a 达到最大。6～40 a，冠幅从 1.25 m² 上升到 9.61 m²，在 40 a 达到最大，40～50 a 从 9.61 m² 下降到 6.79 m²；6～40 a；株高从 111.56 cm 上升到 216.00 cm，40 a 达到最大，40～50 a 从 216.00 cm 下降到 202.50 cm；6～18 a，复叶比叶面积从 101.53 cm²/g 上升到 138.33 cm²/g，18 a 达到最大，18～50 a 从 138.33 cm²/g 下降到 125.94 cm²/g。柠条整体形态特征在种植 40 a 达到最佳，50 a 出现退化。

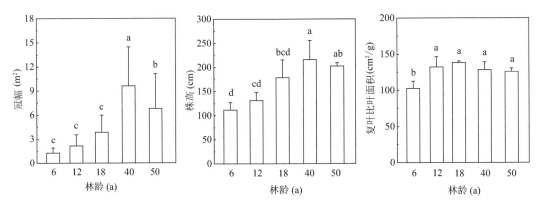

图 3.4　不同林龄柠条形态特征的变化

（图中不同小写字母代表在单因素方差分析中不同处理存在显著差异（$P < 0.05$））

3.1.2.5 不同林龄柠条繁殖能力

由图 3.5 可以看出,随着林龄的增加,柠条的种子数量和荚果数量呈先增高后降低的趋势。6~40 a,种子数从 1173 粒上升到 2773 粒,在 40 a 达到最大,40~50 a 从 2773 粒下降到 2142 粒;6~40 a,荚果数量从 439 个上升到 1486 个,在 40 a 达到最大,40~50 a 从 1486 个下降到 946 个。同时,随着林龄增加,种子质量呈先上升后降低的趋势,种子萌发速率呈波动降低趋势。6~40 a,种子质量从 40 g 上升到 91 g,在 40 a 达到最大,40~50 a 从 91 g 下降到 69 g;6~18 a 大种子萌发速率从 62.89% 下降到 45.21%,40 a 上升到 53.77%,50 a 下降到 47.75%,6~18 a 中种子萌发速率从 62.73% 下降到 54.33%,40 a 上升到 5.99%,50 a 下降到 47.68%,6~50 a 小种子萌发速率从 5.85% 下降到 1.88%。总体来看,柠条的繁殖能力在 40 a 最佳。

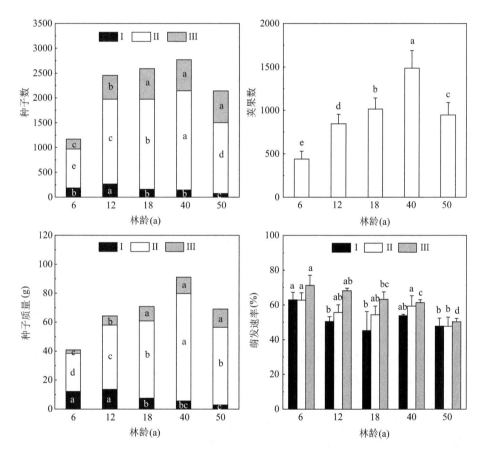

图 3.5 不同林龄柠条种子数量、荚果数、种子质量和萌发速率的变化
（Ⅰ:大种子;Ⅱ:中种子;Ⅲ:小种子）

3.1.3 讨论

3.1.3.1 不同林龄柠条土壤水分变化特征

土壤水分是植物生长所需水分的主要来源,其变化直接影响着植被的生长状况。有研究表明,在黄土高原,由于植被蒸腾所导致的土壤水分变化是土壤水分亏缺进而干层形成的主要原因(邵明安 等,2016)。本研究表明,人工柠条林土壤水分的变化与柠条林龄密切相关,这主

要由柠条生长决定:6～18 a 柠条生长迅速,地上部冠幅逐年增加,使近地表的风速和太阳辐射降低,从而减少了土壤水分的蒸发(杨治平 等,2010),同时地下根系向土壤深层发育,使根系附近土壤裂隙加大,利于降水和树干径流渗透。18 a 之后,柠条地上生物量的增加是生长前期的 2～3 倍,植物蒸腾量和根系对水分的吸收量大幅增加,使得土壤水分含量明显减少。在相同研究区内,王孟本等(1989)和梁海斌等(2014)对土壤水分变化特征的研究表明,在种植柠条20 a 后土壤水分开始下降,这与本文研究结果相似。同时本研究还发现,土壤干层主要分布在80～100 cm。这主要是由于大量吸收细根(<2 mm)主要分布在 80～100 cm 土层,加之本研究区降水主要以小降水(0～5 mm)和中等降水(5～10 mm)为主,降水入渗较浅,补充不到深层土壤水分,同时随着柠条生长,耗水量持续增加,地下水较深(大都位于 30～80 m),失去"土壤水库"的功能(朱显谟,1989),因此导致浅层 80～100 cm 土壤水分收支失衡。该结论与邵明安等(2016)的研究结论一致。

3.1.3.2 不同林龄柠条生长特征变化

植物的生长是植物生活史的重要环节之一。本研究表明,随着种植年限的增加,柠条地上(枝条和叶片)生物量在 18～40 a 积累最快,冠幅和株高在 40 a 时达到最大,40 a 后,柠条冠幅和株高有所下降,出现顶梢枯死现象,地下(根系)生物量的生长逐渐放缓停滞。程积民等(2005)通过研究柠条土壤水分消耗过程认为,6～14 a 是柠条发育旺盛时期。该结论与本研究结果不同,这可能是研究区气候与评判标准不同所致。本研究中,柠条枝条生物量在 18～40 a的增长量分别是 6～18 和 40～50 a 的 3.0 倍和 1.1 倍,叶片生物量的增长分别是 6～18 和40～50 a 的 2.0 倍和 1.5 倍;而根系生物量积累主要发生在前期 6～18 a,增长量分别是 18～40 a 和 40～50 a 的 2.0 倍和 6.0 倍。这表明柠条在生长过程中发育的重心从 6～18 a 的以根系为主到 18～40 a 的以地上生物量为主,40 a 时生长最为旺盛,40 a 后进入衰退期。朱元龙等(2011)对黄土高原不同苗龄柠条根系的研究中得出,根冠比呈逐年下降趋势,这与本研究结果相似。

有研究表明,植物在光照胁迫环境下可以通过增加单位质量的叶面积来提高叶片光捕获能力(赵昕 等,2007)。本研究发现,6 a 生柠条的复叶比叶面积显著低于其他林龄柠条。这是因为在柠条生长的 6～12 a,灌丛枝叶稀疏,光获取条件好,便于叶绿素含量的有效提高。但随着种植年限的增加,柠条的冠幅、株高和生物量不断增加,受遮阴效果加剧,柠条通过改变叶片的厚度和形状,增加单位质量的叶面积,以提高对光的利用能力。该结果与李婷婷(2019)对柠条不同生长阶段的光合特征研究结果较为一致。

叶绿素是植物光合结构的重要组成部分,能直接反映植物光合作用的能力(李洁 等,2017)。类胡萝卜素可以吸收和传递光能,对叶绿素起到保护作用。本研究发现,柠条的光合生理指标在 6～12 a 较高,18～50 a 维持在较低水平。说明柠条在 6～12 a 对光的吸收能力更强,可利用光合作用快速生长,以促使柠条尽早定居,在 18 a 后随着生长状态趋于稳定,生物量不断积累,柠条中下层叶片受顶层叶片的遮阴作用明显,使光合作用主要发生在灌丛顶部,因此叶片叶绿素含量显著降低。有研究表明,中度和重度干旱胁迫下,叶绿素含量减少,植物的生长和新陈代谢受到严重影响(任迎虹 等,2016)。本研究中,柠条在 18 a后土壤水分损耗开始增加,土壤干燥化程度趋于严重,这可能是叶绿素含量降低的又一重要原因。

3.1.3.3　不同林龄柠条繁殖的变化特征

植物繁殖是延续种群最基本的属性,同时也是种群发生、发展和进化的核心问题(苏智先等,1996)。本研究发现,人工柠条在 40 a 繁殖力最好,50 a 繁殖力降低。这主要是由于 6~40 a 柠条的枝条、叶片生物量不断增加,在 40 a 柠条冠幅和株高达到最高,为柠条的繁殖提供了物质基础,而 50 a 柠条的冠幅和株高降低,生长已进入退化状态。

植物在不同环境不同生活史阶段存在多种繁殖对策,种子大小、数量和活力是表征其繁殖策略的关键指标(张景光 等,2002b)。种子大小代表着母体给予后代的投资,由于它与种子数量、幼苗萌发和存活有密切关系,进而影响到子代植物个体的生长以及种群的适合度(Xie et al.,2007)。张景光等(2002b)认为,种子输出存在大小与数量之间的权衡,即植物可以生产少量的大种子或生产大量的小种子。本研究中,随着林龄的增加,土壤含水量降低,干旱程度加剧,柠条的繁殖策略由早期(12 a)大种子比例较高转变为后期(50 a)生产大量的小种子。萌发试验表明,柠条种子的萌发速率随种植年限的增加呈下降趋势,且在不同质量组的种子中,小种子有更高的萌发速率。宗文杰等(2006)对 51 种菊科植物种子大小与种子萌发研究发现,小种子更快萌发,这与本研究结论一致。同时,这表明在柠条生长后期,柠条为保证种群的更新速率,产生了更多的小种子,这也间接暗示柠条在不同生活史阶段繁殖对策由 K 选择转变为 r 选择(大种子萌发慢,数量少;小种子萌发快,数量多)。大量快速萌发的柠条种子可以保证幼苗优先占据资源,并在建植和扩张中占据优势(王桔红 等,2007),以提高幼苗自身的生长和存活。

3.1.4　结论

晋西北丘陵风沙区人工柠条在 0~6 a 主要是根系形态建成的过程;6~18 a 柠条生长有利于土壤水分改善和自身叶绿素含量的积累,此时是柠条地下生物量生长发育的旺盛期;18~40 a 是柠条地上生物量生长的旺盛期,40 a 时柠条的冠幅、株高和繁殖数量及质量均达到最高,柠条的生长状态和繁殖力达到最佳;40~50 a 柠条生长对土壤水分的损耗加剧使地下土壤干燥化程度趋于严重,同时灌丛中下部受枝叶遮阴效果影响,使得地上光合作用降低,共同导致叶片生物量、冠幅、株高和繁殖力降低。而柠条为适应环境,在繁殖上逐渐产生更多个体质量小的种子,以加快种子的萌发来提高生存适合度。因此,应在柠条种植 40 a 后通过适度人工干预,例如适当灌溉、修剪枯枝、一定程度的平茬或间伐,这对人工柠条林复壮具有积极意义。

3.2　柠条林林龄对群落组成和优势种群生态位影响

中国风沙地区主要分布在 75°—125°E 和 35°—50°N 之间,该区域内降水稀少,风沙强烈,植被稀疏,是国家人工植被建设和构建固沙生态屏障的关键区域(Wang et al.,2007)。"三北"防护林建设、黄土高原退耕还林措施和京津冀风沙源治理工程等生态工程,有效遏制了这些地区荒漠化的发展,促进了局地生境恢复(Wang et al.,2005;李新荣 等,2013)。在人工固沙植被系统中,林下天然草本植被作为生态恢复系统中的重要组成部分,对固沙林林下物种多样性的恢复、生态系统稳定和生产力维持等方面发挥着重要的作用(王世雷 等,2013)。但目前关于人工固沙植被体系的研究主要集中在种植建群种(例如,梭梭,油蒿,柠条)的生理生态(王新友,2020)、个体生长(郑颖 等,2017)以及种群变化特征(冯丽 等,2009;李进,1992),而针对人工固沙林林下草本群落生物多样性、群落结构及植物生态位宽度、生态位重叠与竞争关系等研究还相对较少。

物种多样性是衡量一个群落或生态系统物种数量、分布和稳定性等方面的关键指标,主要包括丰富度、均匀度、优势度等(周伶 等,2012)。开展对人工固沙植物群落多样性、生态位及动态演替等研究,有利于更好地揭示人工固沙林物种组成与群落结构,评估人工固沙林生态功能以及判断人工林生态功能恢复状况。生态位(Niche)反映一个种群在一定时间空间上所占据的位置,可以表达一个群落中特定种群与其相关种群之间的功能关系与作用。经典的生态位理论认为,物种环境资源利用上存在差异,即物种间的生态位分化,这是物种共存的基本机制之一(覃林,2009;Chesson,2000)。生态位宽度(Niche breadth)和生态位重叠(Niche overlap)作为反映植物生态位的关键指标(李明 等,2009),被广泛应用在人工固沙植被体系物种的种间关系、群落系统、物种多样性及种群演替等方面的研究中(Leibold,1955),例如,王伟伟等(2012)在青藏高寒地区,发现不同人工林下草本群落的生态幅物种不同,针阔叶混交林更有利于林下草本群落的生长和发育(程小琴 等,2007);在温带草原地区,聂莹莹等(2020)发现围栏封育增加了群落植物种整体生态位重叠值和种间竞争,对物种多样性也有一定的促进作用;张继义等(2003)在科尔沁沙地,发现植物恢复演替过程每一群落类型优势种的作用明显,具有最大的生态位宽度。但目前对于长时间序列(50 a 以上),人工林下草本植物群落构成和种群生态位特征的研究还非常有限,开展长时间序列人工固沙植被林下草本群落的生态位特征研究,有助于了解植物对资源的利用状况,对干旱半干旱风沙区生态修复研究具有重要意义。

晋西北丘陵风沙区水土流失严重,生态环境脆弱,荒漠化现象十分严重,是北方地区沙尘暴侵袭京津的中、西两条主线的必经之地,也是环京津地区建立防风固沙生态屏障的重点区域(张继义 等,2003;柳媛普 等,2015;张军红 等,2012)。该区域是农牧交错带,由于人类的过度放牧,造成荒漠化严重,为了有效控制水土流失与荒漠化现象,这地区开展了一系列植被恢复生态建设工程,主要以种植柠条(*Caragana korshinskii*)为主的人工林建设(严俊霞 等,2013)。目前对该地区人工柠条林的研究主要集中在柠条树种的生理生态(王国华 等,2021)、柠条林地土壤特性(梁海斌 等,2018;白日军 等,2016;崔静 等,2012)等方面。但目前针对该地区长时间序列的人工柠条林下植物群落演替,林下草本植物的组成以及不同植物种群生态位特征的研究还相对缺乏。因此,本研究基于生态位理论,以不同种植年限人工柠条林下草本植物群落为研究对象,分析人工柠条林下草本植物的物种组成和种群生态位特征,揭示人工柠条林下天然草本植物种群对资源的利用程度和对环境的适应能力,为评价人工柠条林地的生态系统稳定性等提供参考。

3.2.1 研究地区与方法

3.2.1.1 研究区概况

研究区位于山西省忻州市五寨县胡会乡石咀头村(海拔 1397~1533 m),气候属于温带大陆性季风气候,春季干旱多风,夏秋雨量集中,冬季寒冷干燥,该地区昼夜温差大,年平均气温4.9℃左右,1月最冷(−13.3℃),7月最热(20.1℃),无霜期 120 d 左右,有效积温 2452 ℃·d,研究区年平均降雨量约为 478.5 mm,6—8月降水占全年降水量的 70%以上。地形为黄土丘陵和低山丘陵相互交错,风的吹蚀堆积作用较强,以黄土堆积过程为主。栗褐土和黄绵土是本研究区分布最广的地带性土壤,土壤肥力较低。研究区属于半干旱干草原亚带和半湿润森林草原亚带(马义娟 等,2002),草本植物多以旱生植物为主,乔木灌木多以人工种植林为主,其中乔木主要有旱柳(*Salix matsudana*)、青杨(*Populus cathayana*)和油松(*Pinus tabulaeformis*),灌木主要有人工柠条林,自然恢复的草本植物主要有草本植物米蒿(*Artemisia dalai-lamae*)、野燕麦(*Avena fatua*)、披碱草(*Elymus dahuricus*)等,天然灌木主要有胡枝子(*Lespedeza bicolor*)等。

3.2.1.2　样地设置与测定指标

本节采用空间替代时间的方法,为避免地形、坡度和坡向等的对环境因子的影响,采样点均选取相似的海拔、坡位、坡向等立地条件相近的地方。于 2019 年 6 月—9 月在晋西北丘陵风沙区选取群落发育较为完整且未平茬的 5 个(6 a、12 a、18 a、40 a 和 50 a)不同种植年限典型柠条林为调查样点(表 3.2),以邻近未经人为干扰、未进行人工林种植的天然草地作为对照(CK)。在每个年限种植地选取 3 个样点,每个样点间距大于 200 m,在每个样点分别设置 3 个 20×20 m² 柠条样方,每个样方间距约 25 m,测量人工柠条的株高、地径及生物量。

同时,每个柠条林样方内再设置 5 个 1 m×1 m² 的草本样方。调查记录各样地内草本层物种的种类、高度、盖度、频度和密度,其中高度为植物的自然高度;盖度采用目测法测定;频度通过实测样方内某种草本植物出现次数,计算其出现的百分率;密度为实际测量值;将每个样方内不同种类的植物齐地面刈割后,分别装入信封带回实验室,在 105℃ 烘箱内杀青半小时后将温度调至 65℃ 烘干称重,计算出生物量。0～20 cm 土壤含水量利用德国产 STEPS 土壤五参数分析仪(型号 COMBI 5000)的 SMT 100 传感器探头对土壤剖面的土壤水分进行测量。

3.2.1.3　评定指标与计算方法

本节物种多样性指数选用选用丰富度指数(S)、Shannon-Wiener 多样性指数(H)和 Pielou 均匀度指数(J_{sw})进行多样性计算;而文中生态位宽度是物种多样性对环境资源利用的反映,采用 Levins 生态位宽度(Bi)表示;生态位重叠值(NO)反映了不同物种同时利用相同资源的状况,本节采用 Pianka 生态位重叠表示,具体计算公式见表 3.3。

3.2.1.4　数据处理

所有数据在 Excel 2010 和 SPSS22.0 软件中进行统计和计算,利用 one-way ANOVA 和 Duncan 法进行方差分析和显著性检验($\alpha = 0.05$),利用 Origin2017 软件作图,不同种植年限柠条林下各物种生态位重叠指数的植物种系统聚类排序图采用 Canoco4.5 软件绘制。

表 3.2 样地基本情况

植被类型	样地号	海拔(m)	地形	坡向	坡度(°)	株高(cm)	地径(cm)	冠幅(m²)	生物量(kg/m²)	郁闭度
6 a	D_1	1392				114.00 ± 17.18^a	1.03 ± 0.48^a	1.54 ± 0.54^a	0.60 ± 0.12^a	0.06
	D_2	1390	低缓坡地	南	8	111.00 ± 6.78^a	0.98 ± 0.48^a	1.38 ± 0.08^a	0.34 ± 0.07^a	0.06
	D_3	1389				97.17 ± 5.04^a	1.17 ± 0.67^a	0.97 ± 0.17^a	0.38 ± 0.32^a	0.04
12 a	L_1	1446				138.57 ± 7.99^{abc}	1.53 ± 0.15^a	1.66 ± 0.22^a	1.35 ± 0.11^{ab}	0.73
	L_2	1433.27	低缓坡地	南	4	133.15 ± 5.85^{ab}	1.62 ± 0.2^a	2.29 ± 0.27^{ab}	1.94 ± 0.80^{abc}	0.76
	L_3	1423.5				127.65 ± 6.30^{ab}	1.53 ± 0.13^a	2.21 ± 0.37^{ab}	0.92 ± 0.12^a	0.61
18 a	C_1	1453.67				221.50 ± 13.12^{cde}	1.91 ± 0.09^{abc}	5.31 ± 0.8^{abc}	5.02 ± 1.36^{abcde}	1.06
	C_2	1444	低缓坡地	东南	5	183.92 ± 12.11^{cde}	1.83 ± 0.19^a	4.34 ± 0.37^{abc}	2.32 ± 0.39^{abc}	1.08
	C_3	1411.4				188.42 ± 14.42^{cde}	2.01 ± 0.22^{abc}	3.76 ± 0.66^{abc}	4.37 ± 0.87^{abcd}	1.07
40 a	B_1	1447				221.04 ± 8.15^c	2.15 ± 0.28^{cde}	4.88 ± 1.02	7.00 ± 0.91^{bcdef}	0.92
	B_2	1392	低缓坡地	南	4	172.00 ± 6.87^{bcde}	2.11 ± 0.06^{abc}	5.04 ± 0.71^{abc}	6.83 ± 0.01^{bcdef}	1.16
	B_3	1396				164.22 ± 4.74^{bcd}	2.01 ± 0.1^{abc}	4.43 ± 0.49^{abc}	4.69 ± 1.25^{abcd}	1.23
50 a	A_1	1447.67				198.17 ± 5.42^{de}	2.7 ± 0.29^{de}	8.76 ± 0.69^{cd}	10.37 ± 6.05^d	0.97
	A_2	1429.67	低缓坡地	西南	5	199.32 ± 3.81^{de}	2.51 ± 0.36^{bcd}	7.19 ± 0.49^{bcd}	7.70 ± 1.81^{cdef}	0.69
	A_3	1455.5				200.38 ± 6.65^{de}	2.87 ± 0.25^c	7.55 ± 0.53^{cd}	7.43 ± 0.56^{cdef}	1.05
CK	E_1	1394								
	E_2	1387	平地	—	2	—	—	—	—	—
	E_3	1392								

注:12 a:12 a 柠条;18 a:18 a 柠条;40 a:40 a 柠条;50 a:50 a 柠条;不同字母上标代表在单因素方差分析中不同处理存在显著差异($P<0.05$)。

表 3.3 评定指标与计算方法

指标	公式	式中
郁闭度计算	郁闭度＝林冠覆盖面积/地表面积	—
重要值计算	$I_V=(R_C+R_A+R_H+R_F)/4$	$R_C=$ 某物种的盖度/全部种的盖度之和×100%； $R_A=$ 某物种的密度/全部种的密度之和×100%； $R_H=$ 某物种植株高度/全部种植株高度之和×100%； $R_F=$ 某物种的频度/全部物种的频度之和×100%
丰富度指数(R)	$R=S$	S 为所在样方内的物种数；
Shannon-Wiener 多样性指数(H)		P_i 为第 i 种的个体数 n_i 占调查物种个体总数 n 的比
Pielou 指数(J_{sw})		例，即 $P_i=n_i/n; i=1,2,3,\cdots,s, s$ 为物种数
Levins 生态位宽度(Bi)		$P_{ij}=n_{ij}/N_{ij}$，P_{ij} 为物种 i 在第 j 个资源状态下的个体数占该种所有个体数的比例； n_{ij} 为种群 i 利用资源状态 j 的数量，本研究以物种 i 在第 j 样方的重要值表示； N_i 为物种 i 的总数量； r 为样方数
生态位总宽度		B_i 为物种第 i 个样地在样地中的生态位宽度，r 为样地数量
Pianka 生态位重叠		NO 为生态位重叠值，n_{ij} 和 n_{kj} 为物种 i 和物种 k 在资源 j 上的 I_V，该方程的值域为[0,1]

3.2.2 结果

3.2.2.1 不同种植年限人工柠条林下草本植物群落特征

3.2.2.1.1 种类组成和数量特征

在 0～50 a 人工柠条林下共出现植物 52 种，分属于 22 科，41 属。总体来看，植物群落主要以菊科所占比例最高，其次是禾本科、豆科、唇形科等，4 科植物在不同种植年限人工柠条林下的数量占比之和分别为 72.22%（6 a）、69.81%（12 a）、73.53%（18 a）、64.95%（40 a）和 55.78%（50 a）。从植被群落所属单科数量变化分析，6 a 柠条林下豆科＞禾本科＞菊科＞唇形科＞其他单科；12 a 柠条林下草本群落变化为菊科＞豆科＞禾本科＞唇形科＞其他单科；18 a 柠条林下豆科＞菊科＞禾本科＞唇形科＞其他单科；而 40 a 和 50 a 属数显著增加，尤其在柠条种植后期（40～50 a），林下草本植物的科属显著高于种植前期（0～6 a），增长了 1.88 倍（图 3.6）。

在不同种植年限人工柠条林下草本植物差异显著，随着柠条林种植年限的增加，植物的物种数显著增加，其中种植后期（40～50 a）比种植前期（6～18 a）草本植物增加了 2.38 倍。半灌木没有显著差异，物种数量维持在 1～3 种（表 3.4）。而植物群落的生物量、盖度及高度随着种植年限的增加呈显著增加的趋势。在不同种植年限柠条林下，6 a 柠条林下植物群落生物量最低，平均值仅为 39.54 g/m²，50 a 柠条林下草本植物群落平均生物量最高（93.80 g/m²）；6 a 柠条林下植物群落盖度最低，平均值为 24.29%，50 a 柠条林下草本植物群落平均盖度最高，为 31.5%；不同种植年限柠条林下草本植物群落密度差异不显著，密度大小依次为 40 a（7.61 株/m²）＞50 a（7.28 株/m²）＞18 a（6.34 株/m²）＞12 a（6.28 株/m²）＞6 a（6.25 株/m²）；12 a 柠条林下草本植物群落株高最低，平均值仅为 42.98 cm，50 a 柠条林下草本植物群落平均高度为 57.46 cm（表 3.4）。

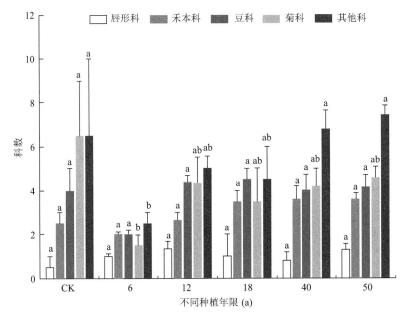

图 3.6　不同种植年限柠条林林下草本植物所属科属数量
(图中不同小写字母代表在单因素方差分析中不同处理存在显著差异($P<0.05$))

表 3.4　不同年限人工柠条林植物特征变化

| 年限 | 植物类型 | | 植物数量特征 | | | |
	草本	灌木	生物量(g/m²)	盖度(%)	密度(株/m²)	高度(cm)
CK	16.50±6.5[ab]	2.00±0.11[a]	131.84±29.19[a]	36.86±4.61[a]	6.17±0.97[a]	40.24±0.07[b]
6 a	8.00±0.10[b]	1.00±0.10[a]	39.54±4.38[c]	24.29±0.69[b]	6.25±0.75[a]	42.98±3.07[b]
12 a	14.67±1.21[ab]	1.67±0.33[a]	44.97±2.68[c]	25.99±2.15[b]	6.28±0.51[a]	42.11±0.85[b]
18 a	15.00±3.00[ab]	1.50±0.50[a]	62.30±16.83[ab]	29.46±4.092[ab]	6.33±0.73[a]	46.06±0.86[b]
40 a	17.60±1.50[a]	1.20±0.37[a]	54.36±4.11[c]	30.00±1.87[ab]	7.61±0.49[a]	48.33±1.8408[ab]
50 a	19.00±0.79[a]	1.43±0.20[a]	93.80±4.11[b]	31.50±1.50[ab]	7.28±0.30[a]	57.46±2.37[a]

注:不同字母上标代表在单因素方差分析中不同处理存在显著差异($P<0.05$)。

不同种植年限柠条林林下草本植物在林下植物中占有绝对优势,物种数占总植物物种数的 91.98%,草本植物按照功能类群可以分为一年生植物、一年生至多年生植物和多年生植物。其中一年生植物,在不同种植年限柠条林下没有显著差异,物种数量维持在 4～6 种;而一年生至多年生草本植物的在不同种植年限柠条林下也不存在显著差异,维持在 1～3 种;而多年生植物,6 a 柠条林林下为 3 种,12 a 柠条林下平均为 8.33 种,18 a 柠条林下为 9 种,显著低于 40 a(10.4 种)和 50 a(11.43 种)柠条林。从种植柠条年限变化来看,随着柠条林种植年限的增加,草本物种数也显著增加,种植中后期(18～50 a)比种植前期(6～12 a),一年生草本植物增加了 1.71 种,多年生草本增加了 8.43 种(图 3.7)。

3.2.2.1.2　植物群落多样性分析

不同种植年限人工柠条林下,草本植物物种多样性指数(丰富度和 Shannon-Wiener 多样性指数)随着种植年限的增加基本呈显著增加趋势(图 3.8)。植物丰富度变化范围为 9.00～20.29,其中 50 a 柠条林下草本植物群落平均丰富度是 6 a 柠条林的 2.25 倍(图 3.8 a);Shan-

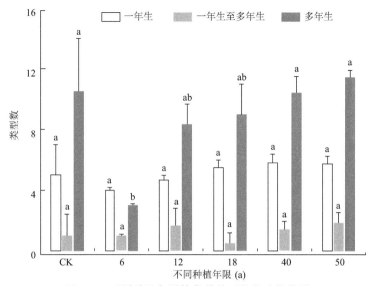

图 3.7　不同种植年限柠条林林下植物功能类群

（图中不同小写字母代表在单因素方差分析中不同处理存在显著差异（$P<0.05$））

non-Wiener 多样性指数在不同种植年限柠条林下变化范围为 0.48～0.97,50 a 柠条林下草本植物 Shannon-Wiener 多样性指数最大,高于 6 a 柠条林 1.94 倍(图 3.8b);Pielou 均匀度指数变化范围为 0.20～0.46,但是均匀度指数在不同种植年限差异不显著(图 3.8c)。

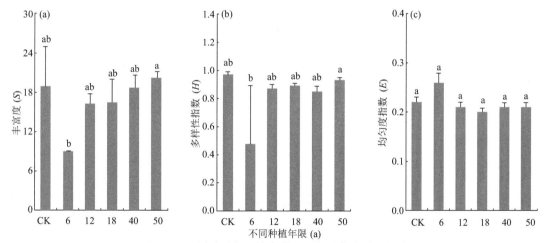

图 3.8　不同种植年限柠条林下植物群落多样性指数

（图中不同小写字母代表在单因素方差分析中不同处理存在显著差异（$P<0.05$））

3.2.2.2　不同种植年限柠条林下植物群落不同物种重要值

从不同种植年限人工柠条林下草本植物群落不同物种重要值的总和来看(表 3.5),排名前 5 的物种依次为野燕麦(43.58%)、披碱草(42.93%)、米蒿(41.31%)、狗尾草(35.25%)和胡枝子(33.84%),其中披碱草(多年生草本)、野燕麦和米蒿(一年生草本)在林下草本层中占据绝对的优势。在不同种植年限,CK(撂荒地)重要值最大的是多年生草本植物披碱草(10.88%);6～12 a 柠条林下重要值最大的是一年生草本植物,其中 6 a 柠条林下优势种为野燕麦(12.19%),12 a 柠条林下米蒿(9.65%);18～50 a 柠条林下重要值最大的是多年生草本植物披碱草,披碱草重要值随人工林种植年限增加而逐渐增加(表 3.5)。

表 3.5 不同种植年限柠条林林下各物种及其重要值

物种名	科属	生活型	重要值(%)						
			CK	6 a	12 a	18 a	40 a	50 a	总和(6 a~50 a)
米蒿 Artemisia dalai-lamae	菊科蒿属	A	10.17	9.59	9.65	8.62	6.10	7.37	41.31
青蒿 Artemisia carvifolia	菊科蒿属	A	4.77	—	—	—	—	—	—
泥胡菜 Hemistepta lyrata	菊科泥胡菜属	A	—	—	—	—	—	1.61	1.61
无心菜 Arenaria serpyllifolia	菊科无心菜属	A	3.14	—	—	—	4.92	—	4.92
苍耳 Xanthium sibiricum	菊科苍耳属	A	3.28	—	—	—	—	—	—
野燕麦 Avena fatua	禾本科燕麦属	A	6.04	12.19	6.56	8.42	7.66	8.74	43.58
狗尾草 Setaria viridis	禾本科狗尾草属	A	3.69	11.67	6.70	5.32	7.12	4.43	35.25
早熟禾 Poa annua	禾本科早熟禾属	A	—	—	—	2.58	—	1.65	4.23
虎尾草 Chloris virgata	禾本科虎尾草属	A	—	—	—	—	2.64	—	2.64
益母草 Leonurus artemisia	唇形科益母草属	A	—	—	2.96	1.83	3.47	2.10	10.36
猪毛菜 Salsola collina	藜科猪毛菜属	A	3.72	8.15	4.17	4.24	4.41	3.82	24.79
灰绿藜 Chenopodium glaucum	藜科藜属	A	—	—	—	—	1.33	—	1.33
车前 Plantago asiatica	车前科车前属	A	—	—	—	1.24	1.40	2.59	5.23
青葙 Celosia argentea	苋科青葙属	A	—	—	1.89	—	—	—	1.89
鹤虱 Lappula myosotis	菊科鹤虱属	PA	—	—	4.02	—	—	1.18	5.20
角蒿 Incarvillea sinensis	紫葳科角蒿属	PA	2.56	8.59	1.97	—	—	2.78	13.35
猪毛蒿 Artemisia scoparia	菊科蒿属	PA	—	—	—	—	4.56	1.90	6.46
披碱草 Elymus dahuricus	禾本科披碱草属	P	10.88	—	6.55	11.24	10.83	14.31	42.93

续表

物种名	科属	生活型	重要值(%)						总和(6 a~50 a)
			CK	6 a	12 a	18 a	40 a	50 a	
狼尾草 Pennisetum alopecuroides	禾本科狼尾草属	P	—	—	—	—	2.09	2.61	4.71
艾 Artemisia argyi	菊科蒿属	P	—	—	—	—	—	4.13	4.13
茵陈蒿 Artemisia capillaris	菊科蒿属	P	—	—	3.45	—	3.02	—	6.47
白苞蒿 Artemisia lactiflora	菊科蒿属	P	—	—	—	—	—	2.23	2.23
山苦荬 Ixeris chinensis	菊科苦荬菜属	P	4.26	—	3.15	3.86	4.48	1.23	12.73
苦苣菜 Sonchus oleraceus	菊科苦荬菜属	P	—	—	4.99	—	—	1.81	6.81
苣荬菜 Sonchus arvensis	菊科苦荬菜属	P	3.89	6.50	3.45	5.67	4.84	1.76	22.22
小红菊 Dendranthema chanetii	菊科菊属	P	—	—	—	—	2.98	—	2.98
蓝刺头 Echinops sphaerocephalus	菊科蓝刺头属	P	—	—	—	5.90	—	—	5.90
蒲公英 Taraxacum mongolicum	菊科蒲公英属	P	2.45	—	4.11	—	—	—	4.11
黄芪 Astragalus membranaceus	豆科黄芪属	P	2.77	—	4.07	4.67	2.64	3.07	14.45
地角儿苗 Oxytropis bicolor	豆科棘豆属	P	2.43	5.85	2.93	2.82	1.95	1.72	15.27
少花米口袋 Gueldenstaedtia verna	豆科米口袋属	P	—	—	—	—	0.83	0.83	1.66
野豌豆 Vicia sepium	豆科野豌豆属	P	—	—	—	—	—	2.09	2.09
黄芩 Scutellaria baicalensis	唇形科黄芩属	P	1.87	9.88	3.61	3.50	3.39	2.70	23.07
百里香 Thymus mongolicus	唇形科百里香属	P	—	—	1.77	—	4.45	3.95	10.17
紫花地丁 Viola philippica	堇菜科堇菜属	P	—	—	—	1.08	1.49	2.54	5.11
堇菜 Viola verecunda	堇菜科堇菜属	P	—	—	—	—	—	0.91	0.91

续表

物种名	科属	生活型	重要值（%）						总和(6 a～50 a)
			CK	6 a	12 a	18 a	40 a	50 a	
地梢瓜 Cynanchum thesioides	萝藦科鹅绒藤属	P	2.53	4.78	2.43	3.07	2.43	5.12	17.83
披针叶苔草 Carex lancifolia	莎草科苔草属	P	1.90	8.54	4.80	5.36	2.34	4.90	25.93
打碗花 Calystegia hederacea	旋花科打碗花属	P	3.04	—	1.87	1.17	1.96	3.94	8.94
百蕊草 Thesium chinense	檀香科百蕊草属	P	1.52	—	2.30	3.17	1.87	2.04	9.38
委陵菜 Potentilla chinensis	蔷薇科委陵菜属	P	—	—	—	—	2.98	2.45	5.44
老鹳草 Geranium wilfordii	牻牛儿苗科老鹳草属	P	2.62	—	—	—	—	1.31	1.31
唐松草 Thalictrum aquilegifolium	毛茛科唐松草属	P	—	—	—	—	—	1.53	1.53
蒺藜 Tribulus terrester	蒺藜科蒺藜属	P	—	—	—	1.37	1.37	—	1.37
天门冬 Asparagus cochinchinensis	百合科天门冬属	P	—	—	3.91	—	—	—	3.91
半边莲 Lobelia chinensis	桔梗科半边莲属	P	6.49	—	—	—	—	—	—
木贼 Equisetum hyemale	木贼科木贼属	P	1.79	—	—	—	—	—	—
西伯利亚蓼 Polygonum sibiricum	蓼科蓼属	P	1.06	—	—	—	—	—	—
白莲蒿 Artemisia sacrorum	菊科蒿属	S	7.86	—	4.24	4.82	3.59	2.67	15.32
胡枝子 Lespedeza bicolor	豆科胡枝子属	S	5.55	11.25	4.68	5.61	5.01	7.29	33.84
铁杆蒿 Artemisia gmelinii	菊科蒿属	S	—	—	—	—	—	2.71	2.71

注：A：一年生草本 1；PA：一年至多年生草本；P：多年生草本；S：灌木或半灌木；"—"表示未出现此物种。

3.2.2.3　不同种植年限柠条林下植物种群生态位宽度变化特征

不同种植年限柠条林下草本植物种群生态位总宽度最大的分别为：米蒿(9.46)＞野燕麦(9.34)＞披碱草(8.77)＞地梢瓜(8.66)＞胡枝子(8.59)＞猪毛菜(8.12)＞披针叶苔草(8.03)(表 3.6)。在不同种植年限，CK(撂荒地)生态位宽度最大的依次为猪毛菜(一年生草本)、披碱草(多年生草本)、黄耆(多年生草本)和胡枝子(半灌木)；6 a 柠条林下生态位宽度最大是米蒿(一年生草本)和胡枝子(半灌木)；12 a 柠条林下最大的为狗尾草(一年生草本)；18～40 a 柠条林下最大的是米蒿(一年生草本)；而 50 a 柠条林下生态位宽度最大的为多年生草本植物披碱草(表 3.6)。

从不同种植柠条林下草本植物群落中各物种生态位宽度和重要值相关关系来看(图 3.9)，在不同年限各物种重要值与生态位宽度均呈显著正相关关系，从总体来看，各物种生态位总宽度和重要值呈极显著正相关关系($P<0.01$)，解释变量 $R^2=0.77$。

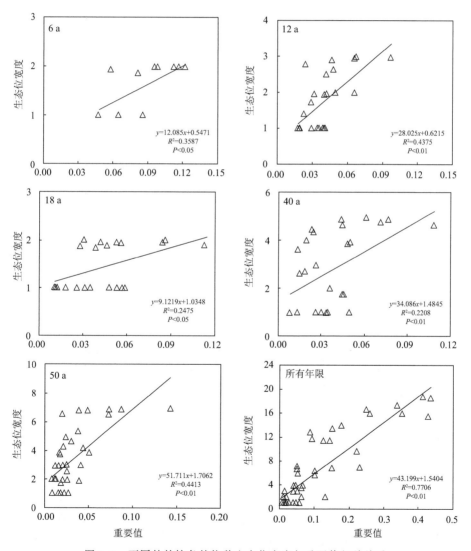

图 3.9　不同林龄柠条林物种生态位宽度与重要值相关关系

表 3.6 不同种植年限柠条林下各物种生态位宽度

物种名	科属	生活型	生态位宽						生态位总宽度
			CK	6 a	12 a	18 a	40 a	50 a	(6～50 a)
米蒿 Artemisia dalai-lamae	菊科蒿属	A	1.99	2.00	2.97	2.00	4.95	6.89	9.42
青蒿 Artemisia carvifolia	菊科蒿属	A	1.00	—	—	—	—	—	—
泥胡菜 Hemistepta lyrata	菊科泥胡菜属	A	—	—	—	—	—	1.00	1.00
无心菜 Arenaria serpyllifolia	菊科无心菜属	A	1.00	—	—	—	1.00	—	1.00
苍耳 Xanthium sibiricum	菊科苍耳属	A	1.00	—	—	—	—	—	—
野燕麦 Avena fatua	禾本科燕麦属	A	1.63	1.98	2.93	1.95	4.86	6.88	9.34
狗尾草 Setaria viridis	禾本科狗尾草属	A	1.00	1.99	2.99	1.96	4.76	4.19	7.55
早熟禾 Poa annua	禾本科早熟禾属	A	—	—	—	1.00	—	2.93	3.09
虎尾草 Chloris virgata	禾本科虎尾草属	A	—	—	—	—	1.00	—	1.00
益母草 Leonurus artemisia	唇形科益母草属	A	—	—	1.00	1.00	1.00	4.27	4.50
猪毛菜 Salsola collina	藜科猪毛菜属	A	2.00	1.86	2.49	1.96	4.87	5.36	8.12
灰绿藜 Chenopodium glaucum	藜科藜属	A	—	—	—	—	1.00	—	1.00
车前 Plantago asiatica	车前科车前属	A	—	—	—	1.00	3.62	2.54	4.53
青葙 Celosia argentea	苋科青葙属	A	—	—	1.00	—	—	—	1.00
鹤虱 Lappula myosotis	菊科鹤虱属	PA	—	—	1.00	—	—	2.00	2.24
角蒿 Incarvillea sinensis	紫葳科角蒿属	PA	1.00	1.00	1.00	—	—	1.00	1.73
猪毛蒿 Artemisia scoparia	菊科蒿属	PA	—	—	—	—	1.78	1.74	2.48
披碱草 Elymus dahuricus	禾本科披碱草属	P	2.00	—	2.00	1.91	4.62	6.93	8.77

续表

物种名	科属	生活型	生态位宽						生态位总宽度 (6~50 a)
			CK	6 a	12 a	18 a	40 a	50 a	
狼尾草 Pennisetum alopecuroides	禾本科狼尾草属	P	—	—	—	—	1.00	2.99	3.16
艾 Artemisia argyi	菊科蒿属	P	—	—	—	—	—	2.98	2.98
茵陈蒿 Artemisia capillaris	菊科蒿属	P	—	—	1.00	—	1.00	—	1.41
白苞蒿 Artemisia lactiflora	菊科蒿属	P	—	—	—	—	—	1.00	1.00
山苦荬 Ixeris chinensis	菊科苦荬菜属	P	1.57	—	1.95	1.85	4.61	2.95	6.10
苦苣菜 Sonchus oleraceus	菊科苦荬菜属	P	—	—	1.99	—	—	1.00	2.44
苣荬菜 Sonchus arvensis	菊科苦荬菜属	P	1.86	1.00	1.00	1.00	3.84	3.73	5.54
小红菊 Dendranthema chanetii	菊科菊属	P	—	—	—	—	1.00	—	1.00
蓝刺头 Echinops sphaerocephalus	菊科蓝刺头属	P	—	—	—	1.00	—	—	1.00
蒲公英 Taraxacum mongolicum	菊科蒲公英属	P	1.00	—	1.00	—	—	—	1.00
黄耆 Astragalus membranaceus	豆科黄芪属	P	2.00	—	1.94	1.89	2.94	4.64	6.12
地角儿苗 Oxytropis bicolor	豆科棘豆属	P	1.73	1.93	1.72	1.87	3.98	3.88	6.41
少花米口袋 Gueldenstaedtia verna	豆科米口袋属	P	—	—	—	—	1.00	2.00	2.24
野豌豆 Vicia sepium	豆科野豌豆属	P	—	1.97	—	—	—	1.99	1.99
黄芩 Scutellaria baicalensis	唇形科黄芩属	P	1.00	—	1.00	1.00	1.00	1.99	3.29
百里香 Thymus mongolicus	唇形科百里香属	P	—	—	1.00	—	1.76	1.89	2.94
紫花地丁 Viola philippica	堇菜科堇菜属	P	—	—	—	1.00	2.63	3.00	4.11
堇菜 Viola verecunda	堇菜科堇菜属	P	—	—	—	—	1.00—		1.00

续表

物种名	科属	生活型	生态位宽						生态位总宽度 (6~50 a)
			CK	6 a	12 a	18 a	40 a	50 a	
地梢瓜 Cynanchum thesioides	萝藦科鹅绒藤属	P	2.00	1.00	2.78	2.00	4.32	3.87	6.81
披针叶苔草 Carex lancifolia	莎草科苔草属	P	1.00	1.00	2.63	1.00	4.46	6.79	8.66
打碗花 Calystegia hederacea	旋花科打碗花属	P	1.48	—	1.00	1.00	3.99	6.82	8.03
百蕊草 Thesium chinense	檀香科百蕊草属	P	1.00	—	1.40	1.00	2.69	6.56	7.29
委陵菜 Potentilla chinensis	蔷薇科委陵菜属	P	—	—	—	—	1.00	4.92	5.02
老鹳草 Geranium wilfordii	牻牛儿苗科老鹳草属	P	1.00	—	—	—	—	1.99	1.99
唐松草 Thalictrum aquilegifolium	毛茛科唐松草属	P	—	—	—	—	—	1.00	1.00
蒺藜 Tribulus terrester	蒺藜科蒺藜属	P	—	—	—	—	1.00	—	1.00
天门冬 Asparagus cochinchinensis	百合科天门冬属	P	—	—	1.00	—	—	—	1.00
半边莲 Lobelia chinensis	桔梗科半边莲属	P	1.00	—	—	—	—	—	1.00
木贼 Equisetum hyemale	木贼科木贼属	P	1.00	—	—	—	—	—	1.00
西伯利亚蓼 Polygonum sibiricum	蓼科蓼属	P	1.00	—	—	—	—	—	1.00
白莲蒿 Artemisia sacrorum	菊科蒿属	S	1.98	—	1.95	1.00	1.99	1.96	3.55
胡枝子 Lespedeza bicolor	豆科胡枝子属	S	2.00	2.00	2.88	1.94	3.91	6.51	8.59
铁杆蒿 Artemisia gmelinii	菊科蒿属	S	1.00	—	—	—	—	1.00	1.00

注：A：一年生草本；PA：一年至多年生草本；P：多年生草本；S：灌木或半灌木；"—"表示未出现此物种。

3.2.2.4　不同种植年限柠条林下植物种群生态位重叠值及其排序

　　不同种植年限柠条林下生态重叠存在显著变化,其中 CK(撂荒地)平均生态位重叠系数最高的是多年生草本植物披碱草(0.41);种植前期(6~12 a)生态位重叠系数最大的是一年生草本植物,其中 6 a 柠条林下最大的是野燕麦(0.30),12 a 柠条林下为米蒿(0.29);柠条林种植中后期(18~50 a)生态位重叠系数最大的是多年生草本植物披碱草,生态位重叠系数分别为 0.35、0.32 和 0.42(表 3.7)(具体数据可见表 3.8—表 3.13)。

表 3.7　不同种植年限柠条林下主要优势种平均生态位重叠系数

优势种	群落	生态位重叠系数					
		CK	6 a	12 a	18 a	40 a	50 a
米蒿	A	0.31	0.25	0.29	0.27	0.22	0.24
野燕麦	A	0.21	0.30	0.27	0.33	0.29	0.28
猪毛菜	A	0.17	0.21	0.18	0.20	0.21	0.16
披针叶苔草	P	0.08	0.22	0.23	0.19	0.11	0.16
披碱草	P	0.41	—	0.20	0.35	0.32	0.42
地梢瓜	P	0.13	0.13	0.12	0.16	0.13	0.17
胡枝子	S	0.21	0.28	0.16	0.20	0.21	0.23

表 3.8　6 a 柠条林林下草本种群生态位重叠系数

序号	S1	S6	S7	S11	S16	S25	S30	S33	S37	S38
S1	1.0000	0.0117	0.0112	0.0079	0.0079	0.0059	0.0056	0.0094	0.0048	0.0086
S6		1.0000	0.0143	0.0102	0.0096	0.0072	0.0070	0.0119	0.0063	0.0113
S7			1.0000	0.0097	0.0094	0.0071	0.0067	0.0114	0.0059	0.0106
S11				1.0000	0.0051	0.0039	0.0045	0.0078	0.0049	0.0088
S16					1.0000	0.0056	0.0060	0.0095	—	—
S25						1.0000	0.0045	0.0056	—	—
S30							1.0000	0.0059	0.0023	0.0040
S33								1.0000	0.0041	0.0074
S37									1.0000	0.0478
S38										1.0000

　　注:S1:米蒿 Artemisia dalai-lamae;S2:青蒿 Artemisia carvifolia;S3:泥胡菜 Hemistepta lyrata;S4:无心菜 Arenaria serpyllifolia;S5:苍耳 Xanthium sibiricum;S6:野燕麦 Avena fatua;S7:狗尾草 Setaria viridis;S8:早熟禾 Poa annua;S9:虎尾草 Chloris virgata;S10:益母草 Leonurus artemisia;S11:猪毛菜 Salsola collina;S12:灰绿藜 Chenopodium glaucum;S13:车前 Plantago asiatica;S14:青葙 Celosia argentea;S15:鹤虱 Lappula myosotis;S16:角蒿 Incarvillea sinensis;S17:猪毛蒿 Artemisia scoparia;S18:披碱草 Elymus dahuricus;S19:狼尾草 Pennisetum alopecuroides;S20:艾 Artemisia argyi;S21:茵陈蒿 Artemisia capillaris;S22:白苞蒿 Artemisia lactiflora;S23:山苦荬 Ixeris chinensis;S24:苦苣菜 Sonchus oleraceus;S25:苣荬菜 Sonchus arvensis;S26:小红菊 Dendranthema chanetii;S27:蓝刺头 Echinops sphaerocephalus;S28:蒲公英 Taraxacum mongolicum;S29:黄耆 Astragalus membranaceus;S30:地角儿苗 Oxytropis bicolor;S31:少花米口袋 Gueldenstaedtia verna;S32:野豌豆 Vicia sepium;S33:黄芩 Scutellaria baicalensis;S34:百里香 Thymus mongolicus;S35:紫花地丁 Viola philippica;S36:堇菜 Viola verecunda;S37:地梢瓜 Cynanchum thesioides;S38:披针叶苔草 Carex lancifolia;S39:打碗花 Calystegia hederacea;S40:百蕊草 Thesium chinense;S41:委陵菜 Potentilla chinensis;S42:老鹳草 Geranium wilfordii;S43:唐松草 Thalictrum aquilegifolium;S44:蒺藜 Tribulus terrester;S45:天门冬 Asparagus cochinchinensis;S46:半边莲 Lobelia chinensis;S47:木贼 Equisetum hyemale;S48:西伯利亚蓼 Polygonum sibiricum;S49:白莲蒿 Artemisia sacrorum;S50:胡枝子 Lespedeza bicolor;S51:铁杆蒿 Artemisia gmelinii。一是样方内未同时出现的植物且没有生态位重叠,下同。

表3.9 12 a 柠条林林下草本种群生态位重叠系数

序号	S1	S6	S7	S10	S11	S14	S15	S16	S18	S21	S23	S24	S25	S28	S29	S30	S33	S34	S37	S38	S39	S40	S45	S49
S1	1.0000	0.0086	0.0086	0.0026	0.0055	0.0021	0.0037	0.0018	0.0047	0.0039	0.0018	0.0029	0.0039	0.0046	0.0038	0.0039	0.0040	0.0020	0.0035	0.0075	0.0017	0.0031	0.0044	0.0042
S6		1.0000	0.0079	0.0032	0.0056	0.0015	0.0031	0.0015	0.0060	0.0028	0.0018	0.0023	0.0028	0.0033	0.0038	0.0041	0.0029	0.0014	0.0034	0.0063	0.0014	0.0036	0.0032	0.0033
S7			1.0000	0.0027	0.0054	0.0015	0.0037	0.0018	0.0060	0.0028	0.0016	0.0025	0.0028	0.0033	0.0039	0.0036	0.0029	0.0014	0.0034	0.0066	0.0017	0.0021	0.0032	0.0037
S10				1.0000	0.0028	—	—	—	0.0010	—	0.0006	—	—	—	0.0020	0.0017	—	—	0.0015	0.0011	—	0.0010	—	—
S11					1.0000	0.0006	0.0372	0.0010	0.0047	0.0011	0.0013	0.0012	0.0011	0.0013	0.0029	0.0031	0.0011	0.0006	0.0025	0.0037	0.0010	0.0031	0.0012	0.0018
S14						1.0000	—	—	—	0.0007	0.0003	0.0006	0.0007	0.0008	—	0.0005	0.0005	0.0003	0.0004	0.0019	0.0007	—	0.0007	0.0007
S15							1.0000	0.0008	0.0020	—	—	0.0011	—	—	0.0020	—	—	—	0.0016	0.0035	0.0007	0.0005	—	0.0020
S16								1.0000	0.0010	—	—	0.0005	—	—	0.0010	—	—	—	0.0008	0.0017	0.0004	0.0002	—	0.0010
S18									1.0000	—	0.0013	0.0018	—	—	0.0027	0.0035	—	—	0.0028	0.0041	0.0009	0.0013	—	0.0033
S21										1.0000	0.0005	0.0005	0.0012	0.0006	—	0.0008	0.0008	0.0006	0.0008	0.0035	—	—	0.0013	0.0012
S23											1.0000	0.0011	0.0005	0.0005	0.0007	0.0008	0.0006	0.0003	0.0007	0.0029	—	0.0013	0.0006	0.0006
S24												1.0000	0.0011	0.0013	0.0013	0.0007	0.0011	0.0005	0.0009	0.0027	0.0005	0.0003	0.0012	0.0012
S25													1.0000	0.0014	—	0.0008	0.0008	0.0006	0.0008	0.0035	—	—	0.0013	0.0012
S28														1.0000	—	—	0.0010	0.0007	0.0010	0.0042	—	—	0.0016	0.0015
S29															1.0000	0.0020	—	—	0.0018	0.0028	0.0009	0.0013	—	0.0024
S30																1.0000	0.0009	0.0004	0.0017	0.0023	0.0009	0.0033	0.0010	0.0010
S33																	1.0000	0.0004	0.0009	0.0037	—	0.0009	0.0010	0.0013
S34																		1.0000	0.0004	0.0018	—	—	0.0007	0.0006
S37																			1.0000	0.0025	0.0007	0.0016	0.0009	0.0014
S38																				1.0000	0.0016	0.0016	0.0040	0.0039
S39																					1.0000	0.0002	0.0009	0.0009
S40																						1.0000	—	0.0006
S45																							1.0000	0.0014
S49																								1.0000

表 3.10　18 a 柠条林林下草本种群生态位重叠系数

序号	S1	S6	S7	S8	S10	S11	S13	S18	S23	S25	S27	S29	S30	S33	S35	S37	S38	S39	S40	S49	S50
S1	1.0000	0.0107	0.0043	0.0024	0.0016	0.0057	0.0011	0.0112	0.0019	0.0049	0.0051	0.0033	0.0031	0.0030	0.0009	0.0046	0.0046	0.0010	0.0030	0.0041	0.0061
S6		1.0000	0.0057	0.0035	0.0018	0.0074	0.0012	0.0148	0.0007	0.0057	0.0059	0.0045	0.0042	0.0035	0.0011	0.0057	0.0053	0.0012	0.0043	0.0048	0.0065
S7			1.0000	0.0014	0.0007	0.0030	0.0005	0.0059	0.0010	0.0023	0.0024	0.0018	0.0017	0.0014	0.0004	0.0024	0.0022	0.0005	0.0017	0.0020	0.0032
S8				1.0000	—	0.0014	—	0.0035	0.0007	—	—	0.0012	0.0011	—	—	0.0014	—	—	0.0008	—	0.0020
S10					1.0000	0.0013	—	—	—	0.0010	0.0011	0.0005	0.0005	0.0006	0.0002	0.0009	0.0010	0.0002	—	0.0009	0.0010
S11						1.0000	0.0009	0.0066	0.0013	0.0041	0.0043	0.0023	0.0021	0.0026	0.0008	0.0032	0.0039	0.0009	0.0017	0.0035	0.0042
S13							1.0000	0.0014	0.0002	0.0007	0.0007	0.0003	0.0003	0.0004	0.0001	0.0006	0.0007	0.0001	—	0.0006	0.0007
S18								1.0000	0.0026	0.0063	0.0066	0.0046	0.0043	0.0039	0.0012	0.0063	0.0060	0.0013	0.0043	0.0054	0.0061
S23									1.0000	0.0008	0.0009	0.0008	0.0012	0.0005	0.0002	0.0011	0.0008	0.0002	0.0021	0.0007	0.0015
S25										1.0000	0.0033	0.0016	0.0014	0.0020	0.0006	0.0028	0.0030	0.0007	—	0.0027	0.0031
S27											1.0000	0.0016	0.0015	0.0021	0.0006	0.0029	0.0032	0.0007	—	0.0028	0.0033
S29												1.0000	0.0013	0.0010	0.0003	0.0019	0.0015	0.0003	0.0014	0.0013	0.0025
S30													1.0000	0.0009	0.0003	0.0018	0.0028	0.0003	0.0014	0.0012	0.0007
S33														1.0000	0.0004	0.0017	0.0019	0.0004	—	0.0017	0.0019
S35															1.0000	0.0005	0.0026	0.0006	0.0017	0.0023	0.0034
S37																1.0000	0.0006	0.0001	0.0005	0.0005	0.0006
S38																	1.0000	0.0006	—	0.0026	0.0030
S39																		1.0000	0.0006	0.0006	0.0007
S40																			1.0000	—	0.0025
S49																				1.0000	0.0027
S50																					1.0000

表 3.11　40 a 柠条林下草本种群生态位重叠系数

	S1	S4	S6	S7	S9	S10	S11	S12	S13	S17	S18	S19	S21	S23	S25	S26	S29	S30	S31	S33	S34	S35	S37	S38	S39	S40	S41	S44	S49	S50
S1	1.0000	0.0031	0.0062	0.0060	0.0016	0.0022	0.0044	0.0008	0.0014	0.0020	0.0095	0.0016	0.0019	0.0019	0.0022	0.0019	0.0013	0.0017	0.0006	0.0024	0.0043	0.0017	0.0025	0.0022	0.0020	0.0017	0.0019	0.0008	0.0015	0.0042
S4		1.0000	0.0054	0.0039	—	—	0.0030	—	0.0009	—	0.0034	—	—	0.0012	0.0012	0.0015	0.0013	0.0013	—	—	—	0.0003	0.0030	0.0030	0.0020	—	—	0.0002	0.0013	0.0024
S6			1.0000	0.0083	—	0.0039	0.0062	0.0010	0.0018	0.0021	0.0101	0.0019	0.0022	0.0027	0.0027	0.0033	0.0020	0.0025	0.0008	0.0031	0.0047	0.0021	0.0036	0.0030	0.0025	0.0025	0.0033	0.0010	0.0022	0.0053
S7				1.0000	—	0.0038	0.0059	0.0010	0.0017	0.0028	0.0098	0.0020	0.0023	0.0026	0.0027	0.0023	0.0016	0.0023	0.0005	0.0022	0.0056	0.0019	0.0035	0.0029	0.0027	0.0020	0.0033	0.0010	0.0019	0.0052
S9					1.0000	—	0.0013	0.0006	0.0003	0.0005	0.0031	0.0013	0.0015	0.0005	0.0009	—	—	—	—	—	—	0.0003	0.0009	0.0005	0.0005	0.0006	—	0.0015	0.0006	0.0019
S10						1.0000	0.0028	—	—	—	—	—	—	0.0015	—	—	0.0009	—	—	—	—	—	0.0015	0.0009	—	—	0.0010	—	—	—
S11							1.0000	0.0006	0.0013	0.0016	0.0072	0.0013	0.0015	0.0019	0.0019	0.0018	0.0013	0.0017	0.0006	0.0024	0.0038	0.0016	0.0024	0.0020	0.0016	0.0024	0.0015	0.0013	0.0013	0.0038
S12								1.0000	0.0001	0.0002	0.0016	0.0003	0.0004	0.0003	—	—	0.0002	—	—	—	—	0.0002	0.0005	0.0003	0.0003	—	—	0.0002	0.0003	0.0010
S13									1.0000	0.0005	0.0018	0.0002	0.0003	0.0005	0.0006	0.0006	0.0002	0.0006	0.0009	0.0009	0.0014	0.0005	0.0007	0.0006	0.0006	0.0005	0.0005	0.0001	0.0004	0.0012
S17										1.0000	0.0026	0.0005	0.0005	0.0006	0.0010	—	—	0.0017	—	—	0.0028	0.0006	0.0010	0.0009	0.0006	0.0004	—	0.0002	0.0004	0.0018
S18											1.0000	0.0031	0.0036	0.0032	0.0030	0.0020	0.0021	0.0026	0.0009	0.0038	0.0052	0.0024	0.0040	0.0035	0.0030	0.0029	0.0047	0.0016	0.0022	0.0060
S19												1.0000	0.0008	0.0005	0.0005	—	—	—	—	—	0.0012	0.0003	0.0009	0.0005	0.0005	0.0006	—	0.0004	0.0006	0.0019
S21													1.0000	0.0006	0.0010	—	—	—	—	—	—	0.0004	0.0011	0.0005	0.0006	0.0007	—	0.0004	0.0007	0.0022
S23														1.0000	0.0008	0.0007	0.0005	0.0008	0.0002	0.0009	0.0014	0.0006	0.0011	0.0009	0.0008	0.0006	0.0013	0.0003	0.0005	0.0015
S25															1.0000	0.0007	0.0006	0.0007	0.0002	0.0010	0.0021	0.0011	0.0011	0.0010	0.0009	0.0006	0.0013	0.0005	0.0007	0.0020
S26																1.0000	0.0008	0.0008	—	—	—	0.0002	0.0018	0.0018	—	—	—	0.0008	0.0008	0.0015
S29																	1.0000	0.0006	0.0002	0.0007	0.0008	0.0005	0.0008	0.0008	0.0008	0.0007	—	0.0002	0.0004	0.0013
S30																		1.0000	0.0002	0.0003	0.0013	0.0007	0.0010	0.0008	0.0008	0.0008	0.0007	0.0008	0.0008	0.0014
S31																			1.0000	—	0.0012	0.0004	0.0001	0.0002	0.0002	0.0002	—	—	—	0.0005
S33																				1.0000	—	0.0017	0.0005	0.0002	0.0006	0.0006	—	0.0003	—	0.0019
S34																					1.0000	0.0019	0.0017	0.0013	0.0006	—	—	0.0013	0.0013	0.0036
S35																						1.0000	0.0006	0.0006	0.0005	0.0005	—	0.0002	0.0002	0.0015
S37																							1.0000	0.0013	0.0011	0.0013	0.0013	0.0005	0.0012	0.0022
S38																								1.0000	0.0011	0.0011	0.0009	0.0007	0.0011	0.0021
S39																									1.0000	0.0010	0.0010	0.0007	0.0010	0.0018
S40																										1.0000	—	0.0003	0.0011	0.0016
S41																											1.0000	—	—	0.0036
S44																												1.0000	0.0003	0.0010
S49																													1.0000	0.0015
S50																														1.0000

表 3.12　50 a 柠条林下草本种群生态位重叠系数

序号	S1	S3	S6	S7	S8	S10	S11	S13	S15	S16	S17	S18	S19	S20	S22	S23	S24	S25	S29	S30	S31	S32	S33	S34	S35	S36	S37	S38	S39	S40	S41	S42	S43	S49	S50	S51
S1	1.0000	0.0012	0.0065	0.0034	0.0012	—	0.0012	0.0037	0.0016	0.0011	0.0022	0.0015	0.0106	0.0036	—	0.0011	0.0016	0.0013	0.0025	0.0016	0.0009	—	0.0016	0.0063	0.0004	0.0012	0.0012	0.0036	0.0028	0.0015	0.0020	—	0.0012	0.0020	0.0055	0.0021
S3		1.0000	0.0015	0.0005	—	0.0003	0.0004	—	0.0002	0.0004	0.0002	0.0021	0.0015	0.0004	0.0004	—	—	0.0002	0.0004	0.0002	—	0.0003	0.0005	—	0.0004	0.0010	0.0010	0.0012	0.0009	0.0005	0.0003	—	—	0.0006	0.0007	—
S6			1.0000	0.0041	0.0016	0.0018	0.0043	0.0016	0.0011	0.0025	0.0022	0.0126	0.0020	0.0036	0.0020	0.0009	0.0014	0.0016	0.0029	0.0018	0.0011	0.0008	0.0007	0.0040	0.0028	0.0010	0.0004	0.0018	0.0003	0.0034	0.0015	0.0018	0.0012	0.0065	0.0065	0.0023
S7				1.0000	0.0012	0.0007	0.0022	0.0017	0.0004	0.0012	0.0003	0.0066	0.0011	0.0020	0.0006	0.0007	0.0007	0.0004	0.0048	0.0005	0.0006	0.0008	0.0002	0.0037	0.0020	0.0006	0.0017	0.0016	0.0010	0.0034	0.0010	0.0012	0.0004	0.0028	0.0031	0.0007
S8					1.0000	0.0005	0.0009	—	—	0.0005	0.0002	0.0026	—	0.0008	0.0002	0.0003	0.0002	—	0.0009	0.0003	0.0006	0.0002	—	0.0007	0.0006	0.0001	0.0006	0.0005	0.0003	0.0003	0.0002	0.0004	0.0002	0.0008	0.0014	—
S10						1.0000	0.0012	0.0007	0.0005	0.0009	—	0.0015	0.0033	0.0012	—	—	0.0006	0.0011	0.0009	0.0005	0.0003	0.0010	—	0.0016	0.0002	0.0005	0.0016	0.0010	0.0010	0.0008	0.0005	0.0003	0.0002	0.0007	0.0007	0.0007
S11							1.0000	0.0008	0.0012	—	0.0003	0.0059	0.0017	0.0028	0.0006	0.0006	—	0.0010	0.0011	0.0008	0.0004	0.0011	0.0007	0.0018	0.0003	0.0002	0.0024	0.0023	0.0017	0.0009	0.0007	0.0007	0.0011	0.0012	0.0038	0.0007
S13								1.0000	0.0003	0.0002	0.0006	0.0028	0.0017	0.0013	0.0003	0.0002	—	0.0003	0.0013	0.0005	0.0002	0.0003	0.0003	0.0007	0.0003	0.0002	0.0011	0.0010	0.0007	0.0005	0.0005	—	0.0007	0.0005	0.0014	0.0015
S15									1.0000	0.0004	0.0002	0.0018	0.0006	0.0014	0.0005	0.0009	0.0006	0.0005	0.0004	0.0003	0.0003	—	0.0004	0.0016	—	0.0004	0.0005	0.0008	0.0008	0.0005	0.0003	0.0003	0.0005	0.0005	0.0021	0.0008
S16										1.0000	0.0004	0.0041	0.0003	0.0014	0.0005	0.0002	—	0.0005	0.0009	0.0004	—	0.0004	0.0007	0.0063	0.0014	0.0015	0.0015	0.0014	0.0011	0.0005	0.0008	0.0003	0.0005	0.0008	0.0021	0.0008
S17											1.0000	0.0029	0.0003	—	0.0003	0.0009	0.0007	0.0002	0.0006	0.0005	—	0.0008	—	0.0016	0.0003	0.0011	0.0011	0.0010	0.0008	0.0005	0.0003	0.0002	—	0.0005	0.0005	—
S18												1.0000	0.0033	0.0070	0.0028	0.0021	0.0031	0.0027	0.0048	0.0005	0.0003	0.0036	0.0037	0.0063	0.0043	0.0072	0.0015	0.0014	0.0056	0.0029	0.0038	0.0021	0.0027	0.0041	0.0106	0.0038
S19													1.0000	0.0012	0.0006	0.0009	0.0007	0.0002	0.0006	0.0002	0.0004	0.0008	0.0006	0.0037	—	0.0010	0.0010	0.0011	0.0010	0.0004	0.0006	0.0004	0.0004	0.0007	0.0007	0.0010
S20														1.0000	0.0012	0.0006	—	—	0.0011	0.0004	0.0004	0.0011	—	0.0014	0.0007	0.0006	0.0024	0.0023	0.0020	0.0008	0.0012	0.0008	0.0001	0.0003	0.0037	0.0013
S22															1.0000	—	0.0006	0.0002	0.0002	0.0005	0.0001	0.0003	0.0007	—	0.0005	0.0007	0.0007	0.0016	0.0012	0.0003	—	0.0003	—	0.0009	—	0.0009
S23																1.0000	—	0.0002	0.0011	0.0008	0.0004	0.0002	0.0002	0.0017	0.0007	0.0006	0.0013	0.0016	0.0012	0.0007	—	0.0003	—	0.0009	0.0009	0.0002
S24																	1.0000	0.0006	0.0002	0.0005	0.0001	0.0003	0.0002	0.0015	0.0004	0.0001	0.0007	0.0006	0.0005	0.0006	0.0001	—	0.0001	0.0002	0.0011	0.0002
S25																		1.0000	0.0007	0.0004	—	0.0004	0.0005	0.0012	—	0.0005	0.0009	0.0009	0.0008	0.0003	0.0006	0.0004	0.0005	0.0009	0.0012	0.0006
S29																			1.0000	0.0005	0.0003	0.0010	0.0003	0.0016	0.0006	0.0002	0.0017	0.0016	0.0013	0.0006	0.0009	0.0004	0.0009	0.0003	0.0009	0.0025
S30																				1.0000	0.0003	0.0010	0.0003	0.0016	0.0005	0.0002	0.0011	0.0010	0.0007	0.0005	0.0007	0.0001	0.0001	0.0003	0.0003	0.0016
S31																					1.0000	0.0003	—	0.0017	0.0007	0.0006	0.0006	0.0005	0.0003	0.0003	0.0007	0.0008	—	0.0037	0.0008	0.0009
S32																						1.0000	0.0003	—	0.0002	0.0001	0.0013	0.0016	0.0012	0.0007	—	0.0003	—	0.0009	0.0011	0.0002
S33																							1.0000	0.0007	0.0005	0.0007	0.0007	0.0006	0.0005	0.0003	0.0004	—	0.0002	0.0002	0.0015	—
S34																								1.0000	0.0007	0.0012	0.0017	0.0009	0.0007	0.0004	0.0006	0.0007	0.0012	0.0007	0.0038	—
S35																									1.0000	0.0005	0.0010	0.0008	0.0008	0.0003	0.0005	0.0003	0.0010	0.0009	—	—
S36																										1.0000	0.0008	0.0006	0.0003	0.0003	0.0002	0.0001	0.0013	0.0003	0.0012	—
S37																											1.0000	0.0025	0.0018	0.0011	0.0014	0.0007	0.0007	0.0015	0.0037	0.0018
S38																												1.0000	0.0020	0.0010	0.0012	0.0008	0.0007	0.0016	0.0035	0.0015
S39																													1.0000	0.0008	0.0005	0.0003	0.0005	0.0013	0.0028	0.0013
S40																														1.0000	0.0005	0.0003	0.0002	0.0003	0.0013	0.0004
S41																															1.0000	0.0004	0.0001	0.0003	0.0021	0.0009
S42																																1.0000	—	0.0005	0.0008	—
S43																																	1.0000	0.0005	0.0012	—
S49																																		1.0000	0.0016	0.0038
S50																																			1.0000	0.0023
S51																																				1.0000

表 3.13　撂荒地草本种群生态位重叠系数

序号	S1	S2	S4	S5	S6	S7	S11	S16	S18	S23	S25	S28	S29	S30	S33	S37	S38	S39	S40	S42	S46	S47	S48	S49	S50
S1	1.0000	0.0046	0.0030	0.0032	0.0058	0.0036	0.0052	0.0025	0.0143	0.0040	0.0027	0.0024	0.0030	0.0026	0.0018	0.0040	0.0018	0.0046	0.0015	0.0025	0.0063	0.0017	0.0010	0.0093	0.0062
S2		1.0000	0.0015	0.0016	0.0041	0.0018	0.0023	0.0012	0.0064	0.0029	0.0016	0.0012	0.0014	0.0007	0.0009	0.0019	0.0009	0.0009	0.0007	0.0012	0.0031	0.0009	0.0005	0.0039	0.0037
S4			1.0000	0.0010	0.0027	0.0012	0.0015	0.0008	0.0042	0.0019	0.0011	0.0008	0.0009	0.0005	0.0006	0.0012	0.0006	0.0006	0.0005	0.0008	0.0020	0.0006	0.0003	0.0026	0.0024
S5				1.0000	0.0028	0.0012	0.0016	0.0008	0.0044	0.0020	0.0011	0.0008	0.0010	0.0005	0.0006	0.0013	0.0006	0.0006	0.0005	0.0009	0.0021	0.0006	0.0003	0.0027	0.0026
S6					1.0000	0.0032	0.0029	0.0022	0.0080	0.0028	0.0018	0.0021	0.0017	0.0012	0.0016	0.0023	0.0016	0.0018	0.0013	0.0023	0.0056	0.0015	0.0009	0.0051	0.0041
S7						1.0000	0.0018	0.0009	0.0049	0.0023	0.0013	0.0009	0.0011	0.0006	0.0007	0.0014	0.0007	0.0007	0.0006	0.0010	0.0024	0.0007	0.0004	0.0030	0.0029
S11							1.0000	0.0013	0.0071	0.0020	0.0013	0.0012	0.0015	0.0013	0.0009	0.0020	0.0009	0.0023	0.0007	0.0013	0.0032	0.0009	0.0005	0.0046	0.0037
S16								1.0000	0.0034	0.0016	0.0009	0.0006	0.0008	0.0004	0.0005	0.0010	0.0005	0.0005	0.0004	0.0007	0.0017	0.0005	0.0003	0.0021	0.0020
S18									1.0000	0.0055	0.0037	0.0033	0.0041	0.0036	0.0025	0.0054	0.0025	0.0126	0.0020	0.0035	0.0087	0.0024	0.0014	0.0096	0.0085
S23										1.0000	0.0012	0.0015	0.0012	0.0008	0.0011	0.0016	0.0012	0.0012	0.0009	0.0016	0.0023	0.0011	0.0007	0.0035	0.0028
S25											1.0000	0.0008	0.0098	0.0006	0.0006	0.0010	0.0009	0.0005	0.0005	0.0009	0.0022	0.0006	0.0004	0.0023	0.0018
S28												1.0000	0.0007	0.0004	0.0005	0.0010	0.0005	0.0004	0.0006	0.0006	0.0016	0.0004	0.0003	0.0020	0.0019
S29													1.0000	0.0007	0.0007	0.0011	0.0006	0.0012	0.0005	0.0008	0.0020	0.0005	0.0003	0.0026	0.0018
S30														1.0000	0.0003	0.0010	0.0003	0.0013	0.0002	0.0004	0.0010	0.0003	0.0002	0.0024	0.0014
S33															1.0000	0.0007	0.0004	0.0003	0.0003	0.0005	0.0012	0.0003	0.0002	0.0015	0.0015
S37																1.0000	0.0007	0.0017	0.0006	0.0010	0.0025	0.0007	0.0004	0.0035	0.0024
S38																	1.0000	0.0003	0.0003	0.0005	0.0012	0.0003	0.0002	0.0016	0.0015
S39																		1.0000	0.0003	0.0005	0.0012	0.0005	0.0002	0.0036	0.0023
S40																			1.0000	0.0004	0.0010	0.0003	0.0002	0.0012	0.0012
S42																				1.0000	0.0017	0.0005	0.0003	0.0022	0.0020
S46																					1.0000	0.0017	0.0007	0.0053	0.0050
S47																						1.0000	0.0002	0.0015	0.0014
S48																							1.0000	0.0009	0.0008
S49																								1.0000	0.0055
S50																									1.0000

从不同种植年限柠条林下各物种生态位重叠系数物种系统聚类排序图来看(图 3.10),CK(撂荒地)草本植物在排序图中分布较均匀,野燕麦(S6)、山苦荬(S23)、老鹳草(S42)、白莲蒿(S49)和胡枝子(S50)分布在靠近中心的位置;而 50 a 柠条人工林下草本植物很多更加靠近中心位置,多种不同类型植物在中心聚集,其中米蒿(S1)、狗尾草(S7)、猪毛蒿(S17)、紫花地丁(S35)和地梢瓜(S37)在中心位置竞争激烈。

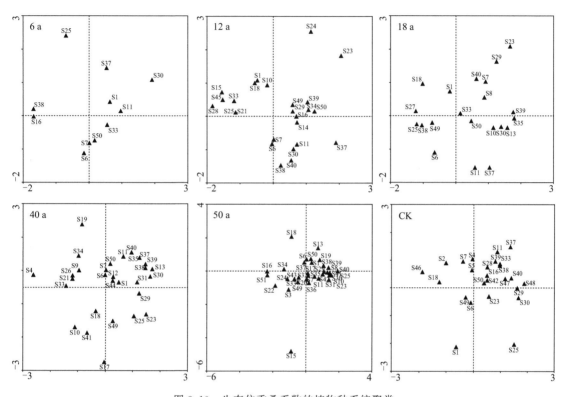

图 3.10　生态位重叠系数的植物种系统聚类

S1:米蒿 *Artemisia dalai-lamae*；S2:青蒿 *Artemisia carvifolia*；S3:泥胡菜 *Hemistepta lyrata*；S4:无心菜 *Arenaria serpyllifolia*；S5:苍耳 *Xanthium sibiricum*；S6:野燕麦 *Avena fatua*；S7:狗尾草 *Setaria viridis*；S8:早熟禾 *Poa annua*；S9:虎尾草 *Chloris virgata*；S10:益母草 *Leonurus artemisia*；S11:猪毛菜 *Salsola collina*；S12:灰绿藜 *Chenopodium glaucum*；S13:车前 *Plantago asiatica*；S14:青葙 *Celosia argentea*；S15:鹤虱 *Lappula myosotis*；S16:角蒿 *Incarvillea sinensis*；S17:猪毛蒿 *Artemisia scoparia*；S18:披碱草 *Elymus dahuricus*；S19:狼尾草 *Pennisetum alopecuroides*；S20:艾 *Artemisia argyi*；S21:茵陈蒿 *Artemisia capillaris*；S22:白苞蒿 *Artemisia lactiflora*；S23:山苦荬 *Ixeris chinensis*；S24:苦苣菜 *Sonchus oleraceus*；S25:苣荬菜 *Sonchus arvensis*；S26:小红菊 *Dendranthema chanetii*；S27:蓝刺头 *Echinops sphaerocephalus*；S28:蒲公英 *Taraxacum mongolicum*；S29:黄耆 *Astragalus membranaceus*；S30:地角儿苗 *Oxytropis bicolor*；S31:少花米口袋 *Gueldenstaedtia verna*；S32:野豌豆 *Vicia sepium*；S33:黄芩 *Scutellaria baicalensis*；S34:百里香 *Thymus mongolicus*；S35:紫花地丁 *Viola philippica*；S36:堇菜 *Viola verecunda*；S37:地梢瓜 *Cynanchum thesioides*；S38:披针叶苔草 *Carex lancifolia*；S39:打碗花 *Calystegia hederacea*；S40:百蕊草 *Thesium chinense*；S41:委陵菜 *Potentilla chinensis*；S42:老鹳草 *Geranium wilfordii*；S43:唐松草 *Thalictrum aquilegifolium*；S44:蒺藜 *Tribulus terrester*；S45:天门冬 *Asparagus cochinchinensis*；S46:半边莲 *Lobelia chinensis*；S47:木贼 *Equisetum hyemale*；S48:西伯利亚蓼 *Polygonum sibiricum*；S49:白莲蒿 *Artemisia sacrorum*；S50:胡枝子 *Lespedeza bicolor*；S51:铁杆蒿 *Artemisia gmelinii*。

3.2.3 讨论

3.2.3.1 不同种植年限人工柠条林下植物群落的组成

物种多样性是反映植物群落物种组成、林分结构、动态演替及群落稳定评价等方面的重要指标(Gao et al.，2014；王继丰 等，2017)。本研究发现，植物多为菊科、禾本科、豆科和唇形科四大科植物，合计 31 种，占全部种数的 59.62%，说明四大科植物对丘陵风沙区的植被恢复与重建起到关键作用，这与郝文芳等(2012)对黄土丘陵区植被恢复物种多样性研究的结果相近。本研究还发现随着柠条林种植年限的增加，林下草本群落优势类群和优势种发生显著变化，种植前期(0~6 a)林下草本植物以一年生先锋物种(米蒿和野燕麦)为优势类群，伴生植物为多年生草本黄芩；而在种植中期(12~18 a)，多年生草本植物优势明显，尤其是多年生草本植物披碱草，生物量、高度和密度都达到最大，重要值最高，且伴生植物为一年生草本植物米蒿；在种植后期(40~50 a)多年生草本植物在植物种群中的优势地位更加稳定，伴生植物多为天然灌木胡枝子和白莲蒿。这些结果表明，种植柠条林从种植前期到中后期，群落组成多样性显著增加，林下草本层结构更趋于稳定，生态功能进一步增强。尤其在 50 a 柠条林下，多年生草本群落物种多样性和生物量达到最大，比自然恢复状态高出 1.22 倍，其中 50 a 柠条林下，一年生草本植物是自然恢复的 1.14 倍，多年生草本植物是 1.09 倍，这表明种植人工林有利于天然植被的恢复，生态恢复力稳定性高。

本研究结果表明，不同种植年限柠条林下草本植物丰富度指数(R)及 Shannon-Wiener 多样性指数(H)随柠条林生长年限的增加整体呈现显著增加的趋势，而 Pielou 均匀度指数(J_{sw})变化趋势则与之相反，这与张晶晶等(2011)的研究结果相似。柠条林种植前期，盖度与密度较小，光照充足，为草本植物提供了适宜的生存空间，该阶段柠条林下草本应具有较高的物种多样性(程瑞梅 等，2005；王国梁 等，2003；崔静 等，2018)，但是本研究结果与之相反，在人工柠条林种植前期(0~6 a)，物种多样性反而比较小，构成林下草本植物多以一年生草本植物为主；柠条林种植中期(12~18 a)，林下草本群落物种多样性显著增加，优势种群的优势度升高；柠条林种植后期(40~50 a)适应环境的新的物种开始出现，优势种群的优势度相对下降，但是物种数增加，植物的生长类型也趋向多样化。随着柠条林种植年限的增加，天然植物群落的生态效应趋于稳定，预计最终发展成为人工柠条林和稀树草原地区混合区域，更有利于改善农牧交错带脆弱的生态环境。

3.2.3.2 不同种植年限人工柠条林下植物不同种群生态位及生态位重叠特征

生态位宽度是一个物种所利用的各种资源之总和，是物种对环境资源利用及环境适应能力状况的反映(王辉 等，2012)，物种生态位宽度越大，代表对环境的适应能力越强(刘巍 等，2011)，在有限的空间里更具有竞争力(Boulangeat et al.，2015)。本研究发现，柠条林随着种植年限的增加，个体冠幅不断增加(表 3.2)，但同时柠条密度出现"自疏"现象，因此人工柠条林的郁闭度变化不显著，整体呈不明显增加趋势。在 6~40 a 人工柠条林下一年生草本植物(米蒿和野燕麦)生态位宽度值最大，而在 50 a 柠条林下耐旱多年生草本植物披碱草生态位宽度最大，占据大部分可利用的资源。同时，我们发现，米蒿、狗尾草、野燕麦和披碱草等植物种群的生态位宽度较大且对资源的利用程度较高，在资源竞争中具有较强的竞争力，这些优势种作为人工柠条林植物群落的泛化种出现。而堇菜、少花米口袋、老鹳草和藜等物种是生态位宽度较小的特化种，其在样方中出现的频率较低，说明这些植物对资源的竞争能力较弱，生态位宽度与优势度均处于较低的水平。不同物种的生态位宽度的此消彼长，反映了整体群落演替的规律(Boulangeat et al.，2015)，有助于更好地理解人工林下草本植物多样性的演替与发展方向。同时，本研究还发现林下植物物种的重要值与生态位宽度呈显著正相关，这表明人工林下植物占有更多的生态位，在演替后期林下草本植物群落可能在生态环境中发挥更为重要的作用(Alofs et al.，2013)。

　　生态位重叠一定程度上可以反映植物物种对环境资源的利用情况以及与其他物种的竞争关系(Kraft et al.，2011)，生态重叠系数越大，物种间存在的竞争关系越激烈，群落对环境资源的利用也更加充分(林勇 等，2017;Hute，2002)。本研究发现，柠条林种植前期(6~12 a)，野燕麦和米蒿种群(一年生草本)与其他植物种群的生态位重叠系数最高;柠条林种植中后期(18~50 a)多年生草本植物披碱草与其他植物种群的生态位重叠系数显著增加，最终达到最大。同时，本研究发现随着种植年限增加，林下植物物种多样性增加，林下一年生草本植物和多年生草本植物生态位宽度与生态位重叠系数也都出现明显的增加趋势，这说明林下的土壤水分资源或养分资源出现短缺，不同植物类群或种群出现明显的竞争，耐旱耐盐的植物也在不断增加，植物群落仍然处于过渡阶段。由于 0~20 cm 土壤含水量随着林龄的增加不断下降(图 3.11)，浅根系草本植物需要不断扩展生态位适应土壤水分短缺带来的影响，同时不同植物之间生态位出现重叠。而林下一些草本物种较小的生态位宽度却有较大的生态位重叠值，如角蒿、蓝刺头和黄芩等，这可能是由于生态位宽度较大的物种与其他物种的生态学特性和功能不同，对资源的利用方式存在差异(Silva et al.，2011)。

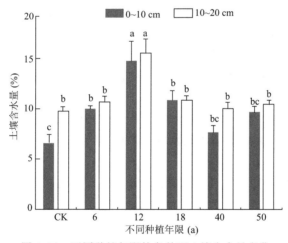

图 3.11　不同种植年限柠条林下土壤含水量变化

(图中不同小写字母代表在单因素方差分析中不同处理存在显著差异($P<0.05$))

3.2.4　结论

　　本研究发现，晋西北丘陵风沙区人工柠条林，在种植前期(0~12 a)林下植物群落主要以一年生先锋物种为优势种群，其中米蒿和野燕麦作为研究区生态位宽度及生态位重叠系数较高的植物种群，其在环境适应性及资源竞争中占据优势地位，但是群落组成和生态结构不稳定，仍处于人工林演替前期植物定居阶段;在柠条林种植中后期(18~50 a)草本植物多样性进一步增加，植物群落优势度最大变为多年生草本植物，其中披碱草的生态位宽度和重要值最高，成为林下优势种，同时，由于物种多样性增加和浅层土壤水分下降，一年生和多年生草本植物生态位宽度及生态位重叠系数进一步增加，竞争激烈，但依然以多年生草本植物为优势类群，50 a 人工林林下植物群落处于演替的过渡阶段。

3.3 人工柠条过熟林群落特征与土壤环境

我国干旱半干旱区主要集中在年降水少于 450 mm 的地区,约占全国总面积的 2/3,这些地区降水稀少,植被稀疏,风沙活动强烈,是我国人工植被建设的重点区域(李新荣 等,2013)。人工林种植是干旱半干旱风沙区生态系统恢复的重要组成部分,风沙区生态恢复程度,可以通过人工固沙林的性状、土壤养分和植被物种多样性的变化进行表征(苏永中 等,2004)。土壤和植被在生态系统中是密不可分的,土壤可以通过提供有效的水分和速效养分直接影响植被的生长发育(王世雄 等,2010),还能加快天然植被的演替过程(从怀军 等,2010);植被在生长发育过程中通过根系分泌物和凋落物等可以改善土壤环境,对土壤肥力的恢复具有促进作用(霍高鹏 等,2017)。人工林下草本植物多样性是衡量生态系统功能的一个重要指标,通过对人工林下植物多样性的调查,可以对风沙区生态系统稳定性进行重要评估(黄建辉 等,2001)。

柠条(*Caragana korshinskii*)作为"三北"防护林体系建设中的一个主要灌木树种(牛西午,2003),对种植地区具有涵养水源、保持水土以及改良林地土壤等作用(程积民 等,2000),因此被筛选确定为该区最适宜人工造林的优良灌木树种和建立集流灌草配置(张瑜 等,2013)。柠条在干旱半干旱地区种植面积广大,得到了极大的关注。例如,有关柠条生理生态方面,王新平等(2002)在腾格里沙漠沙坡头地区发现,柠条在降水相对集中且丰沛的月份具有较高的蒸散量;有关柠条土壤理化性质方面,在荒漠草原地区,刘任涛等(2012)研究发现,人工柠条林发育生长有利于土壤肥力的提高和土壤环境的改善;杨阳等(2014)发现,人工柠条灌丛能够增加荒漠草原土壤养分;有关柠条平茬方面,刘燕萍(2020)等在黄土丘陵沟壑地区研究发现,柠条人工林隔行平茬后,林下草本的生物量最大。然而,人工植物群落和土壤因子的改善与发展是一个长期而漫长的过程,针对长时间尺度(尤其是 50 a 以上)人工植被群落变化和土壤因子的改善特征研究还相对较少。

晋西北丘陵风沙区与毛乌素沙地正面相迎,风沙活动强烈,生态环境脆弱,土地沙化、荒漠化现象十分严重,是环京津冀地区建立防风固沙生态屏障的重点区域(王国华 等,2021)。柠条作为晋西北丘陵风沙区主要的生态恢复物种,可以有效控制水土流失与荒漠化现象(刘爽 等,2019),对京津冀风沙源治理、人工植被的建设和生态恢复具有十分重要的指导意义。研究区对柠条的相关研究主要集中在土壤特征的变化(梁海斌 等,2018;白日军 等,2016),而对晋西北丘陵风沙区长时间序列(50 a 以上)的人工柠条林下土壤与植被演变的规律,及其相对其他地区的特殊性研究相对较少。因此,本研究在晋西北丘陵风沙区选取不同种植年限的人工柠条林为研究对象,通过野外调查,分析在不同种植年限(0 a(撂荒地)、12 a、18 a、40 a、50 a)柠条的生长状况、土壤因子变化及土壤因子对草本植物多样性和生物量的影响,旨在从土壤因子及植被群落变化的角度,探讨丘陵风沙区生态系统的恢复机理及对人工柠条林地的生态系统稳定性等提供参考。

3.3.1 材料与方法

3.3.1.1 研究地概况

研究区位于山西省西北部的忻州市五寨县胡会乡石咀头村,海拔 1397~1533 m,气候属于温带大陆性气候,春季干旱风沙大,且 $t>6$ 级的大风日数为 35.4 d,夏秋雨量集中,冬季寒冷干燥,年平均降水量为 478.5 mm。本研究区土壤类型以黄绵土和栗褐土为主,地区内主要以人工植被为主,乔木主要有:小叶杨(*Populus simonii*)、青杨(*Populus cathayana*)、旱柳(*Salix matsudana*)、刺槐(*Robinia pseudoacacia*)和油松(*Pinus tabulaeformis*),灌木主要为柠条,人工林下存在大量草本植物,例如米蒿(*Artemisia dalai-lamae*)、狗尾草(*Setaria viridis*)、野燕麦(*Avena fatua*)、披碱草(*Elymus dahuricus*)和胡枝子(*Lespedeza bicolor*)等。

3.3.1.2 样地设置及调查方法

采用空间替代时间的方法,为避免地形、坡度和坡向等的对土壤环境因子的影响,采样点均选取相似的海拔、坡位、坡向等立地条件相近的地方。2019 年 6—9 月,选取初始种植密度为行距 2 m、株距 1 m 且从未被平茬的较为完整的植被群落,选取 4 个不同林龄(12 a、18 a、40 a 和 50 a)的人工柠条林为调查样点,同时选择撂荒地作为空白对照(0 a)(表 3.14)。在每个年限种植地选取 5 个样点,采用巢式取样法每个样点间距>100 m,在每个样点分别设置 5 个 20 m×20 m 柠条样方,每个样方间距约 25 m,在每个样方内,选取至少 5 株长势良好且均匀的柠条灌丛作为取样和测量灌丛。每个样方内设置 5 个 1 m×1 m 的草本样方。调查记录各样地内草本层的物种数、盖度、密度及生物量,其中盖度采用目测法测定;密度为实际测量值;将每个样方内不同种类的植物齐地面刈割后,分别装入信封带回实验室,在 105 ℃烘箱内杀青半小时后将温度调至 65 ℃烘干称重,计算出生物量。

土壤采集采用对角线五点法,测深 100 cm,分层提取,每层测 5 个点(相隔 4 cm),利用德国产 STEPS 土壤五参数分析仪(型号 COMBI 5000)测定土壤的含水量、含盐量及土壤 pH;土壤有机碳采用重铬酸钾氧化—硫酸亚铁滴定法测定;土壤速效氮采用碱解扩散法测定;土壤速效钾测量用 1 mol/L 醋酸铵溶液浸提—火焰光度法;土壤速效磷用 0.5 mol/L 的 $NaHCO_3$ 浸提—钼锑抗比色法。

3.3.1.3 数据分析

人工林下灌木与草本的多样性采用 α 多样性指数综合评估群落物种多样性水平,公式为:

$$丰富度指数 R:R=s \tag{3.3}$$

$$香农\text{-}威纳(Shannon\text{-}Wiener)多样性指数 H:H=-\sum_{i=1}^{s}P_i\ln P_i \tag{3.4}$$

$$Pielou 指数(J_{sw}):J_{sw}=H/\ln s \tag{3.5}$$

式中,P_i 为第 i 种的个体数 n_i 占调查物种个体总数 n 的比例,即 $P_i=n_i/n$;$i=1,2,3,\cdots,s$;s 为物种数。

灌丛下(A)和灌丛间(B)土壤性状的差异采用富集率进行计算,公式为:

$$E=A/B \tag{3.6}$$

式中,A 为灌丛下土壤性状;B 为灌丛间土壤性状。

3.3.1.4 数据处理

所有数据在 Excel 2010 软件和 SPSS 22.0 软件中进行统计和计算,通过单因素方差在 95% 的置信水平上,用 Duncan 显著性检验方法比较不同林龄柠条人工林林下植被物种多样性指数和土壤理化性质变化的差异显著性,采用 Origin Pro 2017 软件绘图,不同林龄人工柠条林植物群落多样性与土壤因子的冗余分析采用 Canoco 4.5 软件绘制(表 3.14)。

表 3.14　样地基本情况

样地类型	海拔(m)	地形	坡位	坡向	坡度(°)	行距(m)	冠幅(m²)	枝条数	郁闭度
	1392		上				1.56±0.20ᵃ	20.29±3.57	0.74
12 a	1390	低缓坡地	中	南	4	2	2.31±0.27ᵃᵇ	22.15±2.61	0.76
	1389		下				2.21±0.36ᵃᵇ	18.51±2.69	0.66
	1446		上				5.33±0.80ᵃᵇᶜ	28.40±6.05	1.07
18 a	1433.27	低缓坡地	中	东南	4	2	4.36±0.35ᵃᵇᶜ	23.40±2.25	1.08
	1423.5		下				3.82±0.63ᵃᵇᶜ	20.60±3.4	1.06
	1453.67		上				4.89±1.02ᵃᵇ	27.00±2.12	0.93
40 a	1444	低缓坡地	中	南	5	2	5.07±0.71ᵃᵇᶜ	24.80±2.16	1.16
	1411.4		下				4.42⊥0.47ᵃᵇᶜ	25.64±3.42	1.24
	1447		上				8.78±0.66ᶜᵈ	46.48±4.33	0.98
50 a	1392	低缓坡地	中	西南	5	2	7.19±0.49ᵇᶜᵈ	45.52±4.91	0.69
	1396		下				7.54±0.51ᶜᵈ	33.67±3.38	1.05

注:表中数据为平均值±标准差;不同字母上标代表在单因素方差分析中不同处理存在显著差异($P<0.05$)。

3.3.2　结果与分析

3.3.2.1　不同林龄人工柠条种群特征

人工柠条密度随着种植年限的增加而显著减少,而盖度和生物量随着年限的增加而显著增加(表 3.15)。柠条密度从种植前期(0～12 a)的 0.35 株/m² 减少到种植后期(40～50 a)0.11 株/m²,柠条林受环境因素的影响,"自疏"现象明显;而柠条盖度从种植前期(0～12 a)的 8.80％增加到种植后期(40～50 a)的 12.67％;柠条株高从种植前期(0～12 a)的 134.62 cm 增加到种植后期(40～50 a)的 198.85 cm;生物量随着林龄的增加无显著差异。

表 3.15　不同林龄柠条形态特征变化

指标	12 a	18 a	40 a	50 a
密度(株/m²)	0.35±0.031ᵃ	0.24±0.03ᵇ	0.20±0.02ᵇ	0.11±0.01ᶜ
盖度(%)	8.50±0.76ᵇ	14.33±1.65ᵃ	16.79±0.79ᵃ	12.67±1.18ᵃᵇ
株高(m)	134.62±4.07ᵇ	184.07±4.56ᵇ	187.60±5.17ᵇ	198.85±2.80ᵃ
生物量(mg/kg)	0.50±0.10ᵃ	0.93±0.20ᵃ	0.94±0.13ᵃ	0.84±0.10ᵃ

注:不同字母上标代表在单因素方差分析中不同处理存在显著差异($P<0.05$)。

3.3.2.2　不同林龄柠条土壤含水量、含盐量和 pH 变化

不同林龄柠条林土壤含水量及含盐量随着种植年限的增加呈先增加后减少的趋势(表 3.16)。在种植前期(0～12 a)时,土壤含水量在灌丛下,12 a 达到 13.37％,而灌丛间则是从 11.77％增加到 13.30％,土壤含水量均在 12 a 达到最大值;灌丛下土壤含盐量从 0.04％增加到 0.09％,灌丛间则从 0.04％增加到 0.07％,土壤含盐量均在 12 a 达到最大值。种植中期(12～40 a),灌丛下土壤含水量从 13.37％下降到 10.41％,灌丛间则减少到 10.97％;土壤含盐量灌丛下从 0.09％下降到 0.05％,灌丛间从 0.07％下降到 0.04％。在种植后期(40～50 a),灌丛下土壤含水量 10.41％从增加到 11.92％,灌丛间土壤含水量从 40 a 的 10.97％增加到 12.31％;而土壤含盐量灌丛下从 0.05％增加到 0.06％,灌丛间土壤含盐量从 0.04％增加到 0.05％。

人工柠条林土壤 pH 随种植年限的增加呈显著增加的趋势(表 3.16)。人工柠条林种植前期(0～12 a),灌丛下土壤 pH 从 7.88 减少到 7.64,灌丛间则从 7.88 减少到 7.59;种植中期(12～40 a),灌丛下土壤 pH 从 7.64 增加到 7.94,40 a 达到最大值,灌丛间从 7.59 增加到 7.89;种植后期(40～50 a),灌丛下土壤 pH 从 7.94 减少到 7.90,灌丛间从 7.89 增加到 7.90,50 a 达到最大值。

表 3.16　不同林龄柠条土壤含水量、含盐量和 pH 变化

指标	土层深度(cm)	0 a 林下	0 a 林间	12 a 林下	12 a 林间	18 a 林下	18 a 林间	40 a 林下	40 a 林间	50 a 林下	50 a 林间
土壤含水量 (%)	0~10	6.55±0.86[b]	6.55±0.86[c]	12.15±1.34[a]	14.76±1.99[a]	8.93±0.63[ab]	10.85±0.90[b]	7.60±0.51[a]	7.64±0.71[b]	8.84±0.50[b]	9.65±0.61[b]
	10~20	9.81±0.43[bc]	9.81±0.43[b]	15.45±1.51[a]	15.55±1.36[a]	11.64±0.55[b]	10.88±0.40[b]	9.27±0.55[c]	10.02±0.59[b]	10.12±0.36[bc]	10.46±0.36[b]
	20~60	12.29±0.40[ab]	12.29±0.40[b]	13.81±0.74[a]	14.65±0.94[a]	12.34±0.63[ab]	12.78±0.62[ab]	11.73±0.53[b]	12.64±0.50[b]	12.46±0.37[ab]	13.18±0.38[b]
	60~100	14.84±0.66[a]	14.84±0.66[a]	12.50±0.70[bc]	10.11±1.40[c]	14.37±0.59[ab]	13.53±0.70[ab]	11.07±0.78[c]	11.44±0.74[c]	13.89±0.35[ab]	13.95±0.31[ab]
土壤含盐 (%)	0~10	0.03±0.01[b]	0.03±0.01[b]	0.06±0.03[c]	0.09±0.02[a]	0.04±0.02[a]	0.05±0.01[b]	0.04±0.01[b]	0.04±0.01[b]	0.04±0.01[b]	0.04±0.01[bc]
	10~20	0.03±0.01[b]	0.03±0.01[b]	0.07±0.02[a]	0.07±0.02[a]	0.05±0.01[b]	0.04±0.01[b]	0.04±0.01[b]	0.04±0.01[b]	0.04±0.01[b]	0.04±0.01[b]
	20~60	0.04±0.01[b]	0.04±0.01[b]	0.08±0.011[a]	0.09±0.02[a]	0.05±0.01[a]	0.05±0.01[b]	0.05±0.01[ab]	0.05±0.01[ab]	0.06±0.01[b]	0.05±0.01[b]
	60~100	0.06±0.01[ab]	0.06±0.02[a]	0.07±0.02[a]	0.06±0.02[a]	0.05±0.01[ba]	0.06±0.01[b]	0.05±0.01[ab]	0.06±0.01[a]	0.07±0.01[a]	0.06±0.01[a]
土壤 pH	0~10	7.80±0.08[ab]	7.80±0.08[a]	7.61±0.07[b]	7.71±0.02[a]	7.85±0.08[a]	7.91±0.10[a]	7.89±0.05[a]	7.74±0.05[a]	7.82±0.06[b]	7.83±0.07[b]
	10~20	7.87±0.09[a]	7.87±0.09[b]	7.75±0.03[a]	7.62±0.06[b]	8.01±0.10[a]	8.01±0.14[a]	8.03±0.08[a]	8.02±0.09[a]	7.98±0.07[a]	8.02±0.06[a]
	20~60	7.92±0.02[a]	7.92±0.02[a]	7.65±0.03[a]	7.67±0.03[a]	7.88±0.05[a]	7.90±0.08[a]	7.99±0.04[a]	7.93±0.02[a]	7.94±0.04[a]	7.94±0.03[a]
	60~100	7.89±0.03[a]	7.89±0.03[a]	7.59±0.05[b]	7.46±0.09[b]	7.89±0.07[a]	7.69±0.11[a]	7.86±0.05[a]	7.83±0.05[a]	7.88±0.04[a]	7.84±0.04[a]

注:不同字母上标代表在单因素方差分析中不同处理在显著差异($P<0.05$)。

3.3.2.3 不同林龄柠条土壤养分变化

不同林龄柠条林土壤养分随着种植年限的增加而显著增加(图3.12)。在种植前期(0~12 a)时,与灌丛间相比,柠条林下土壤有机质、速效氮、速效磷及速效钾的平均含量分别是灌丛下的0.97倍、1.14倍、0.91倍、1.37倍,且土壤速效磷达到最大值,灌丛下养分积累高于灌丛间;在种植中期(12~40 a),与灌丛间相比,柠条林下土壤有机质、速效氮,速效磷,速效钾平均含量分别是灌丛下的0.84倍、1.40倍、0.87倍、1.57倍,灌丛间土壤养分显著增加;在种植后期(40~50 a),与灌丛间相比,柠条林下土壤有机质、速效氮、速效磷及速效钾的平均含量分别是灌丛下的1.25倍、1.58倍、0.84倍、1.37倍,有机质、速效氮及速效钾均达到最大值,灌丛下土壤养分含量与灌丛间的差异减小。

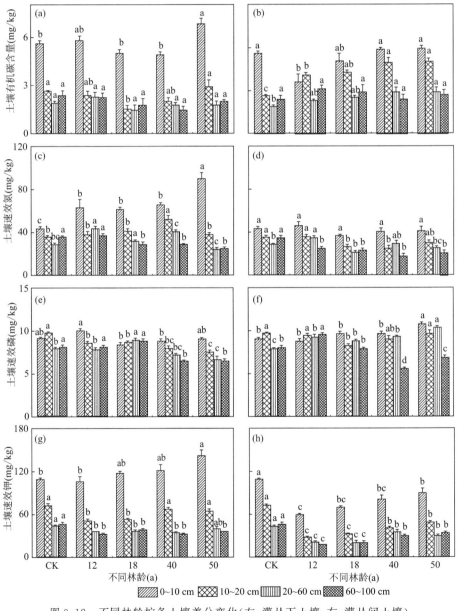

图3.12 不同林龄柠条土壤养分变化(左:灌丛下土壤;右:灌丛间土壤)

(a,b,c,不同字母表示不同林龄相同土层间在单因素方差分析中不同处理存在显著差异($P<0.05$))

3.3.2.4 灌丛效应

不同林龄人工柠条林下土壤性状的富集率变化随种植年限的增加呈显著增加（表 3.17）。在 0～10 cm，土壤有机碳含量和速效氮含量在灌丛下比灌丛间分别高 0.85～2.49 倍和 1.60～2.46 倍，在种植后期（40～50 a），E 达到最大值；土壤速效磷和速效钾含量在灌丛下比灌丛间分别高 0.82～1.05 倍和 1.51～1.81 倍，在种植前期（0～12 a），E 达到最大值。在 20～100 cm，灌丛下和灌丛间土壤养分也存在显著的差异，其中土壤有机碳和速效氮最大的 E 值出现在种植后期（40～50 a），而土壤速效磷和速效钾最大的 E 值出现种植中期（18 a）。

表 3.17 不同林龄人工柠条林土壤性状的富集率（E）值

变量	土层深度（cm）	不同林龄（a）				方差分析
		12	18	40	50	
有机碳	0～10	0.99 ± 0.06^b	0.85 ± 0.05^b	1.11 ± 0.18^b	2.49 ± 0.52^a	0.001^{**}
	10～20	0.48 ± 0.05^{ab}	0.35 ± 0.05^b	0.48 ± 0.06^{ab}	0.58 ± 0.08^a	0.044
	20～60	0.85 ± 0.13^b	0.73 ± 0.08^a	0.61 ± 0.05^b	0.78 ± 0.07^b	0.001^{**}
	60～100	0.70 ± 0.05^a	0.54 ± 0.07^a	0.65 ± 0.10^a	0.79 ± 0.08^a	0.161
速效氮	0～10	1.60 ± 0.32^a	1.69 ± 0.11^a	1.78 ± 0.25^a	2.46 ± 0.37^a	0.137
	10～20	1.07 ± 0.09^c	1.54 ± 0.05^b	2.14 ± 0.09^a	1.34 ± 0.09^{cb}	0.001^{**}
	20～60	1.26 ± 0.11^{ab}	1.39 ± 0.07^a	1.64 ± 0.17^a	0.94 ± 0.04^b	0.001^{**}
	60～100	1.31 ± 0.13^a	1.52 ± 0.12^a	1.95 ± 0.32^a	1.47 ± 0.36^a	0.354
速效磷	0～10	1.05 ± 0.05^a	0.96 ± 0.06^{ab}	0.82 ± 0.04^b	0.94 ± 0.03^{ab}	0.012^*
	10～20	0.90 ± 0.02^b	1.05 ± 0.03^a	0.89 ± 0.06^b	0.78 ± 0.03^b	0.001^{**}
	20～60	0.85 ± 0.04^b	1.01 ± 0.02^a	0.77 ± 0.02^{cb}	0.64 ± 0.05^c	0.001^{**}
	60～00	0.85 ± 0.01^b	1.16 ± 0.03^a	1.12 ± 0.04^a	0.96 ± 0.05^b	0.001^{**}
速效钾	0～10	1.81 ± 0.17^a	1.68 ± 0.04^a	1.51 ± 0.08^a	1.64 ± 0.13^a	0.328
	10～20	1.84 ± 0.11^a	1.69 ± 0.09^a	1.63 ± 0.03^{ab}	1.35 ± 0.05^{ab}	0.001^{**}
	20～60	1.69 ± 0.11^a	1.79 ± 0.09^a	1.30 ± 0.09^b	0.97 ± 0.04^c	0.001^{**}
	60～100	1.89 ± 0.07^a	2.11 ± 0.22^a	1.12 ± 0.01^b	1.02 ± 0.04^b	0.001^{**}

注：$*$：$P<0.05$；$**$：$P<0.01$；不同字母上标代表在单因素方差分析中不同处理存在显著差异（$P<0.05$）。

3.3.2.5 不同林龄人工柠条林草本群落多样性

不同林龄人工柠条林林下草本植物生物量、盖度、密度、丰富度指数和 Shannon-Wiener 多样性指数随着柠条林龄的增加而显著增加（图 3.13）。种植前期（0～12 a），一年生草本占优势地位，一年生草本植物密度高于多年草本 1.87 倍，丰富度指数高于 1.75 倍；种植中后期（12～40 a），多年生草本植逐渐占优势地位，多年生草本植物密度高于一年生草本 1.97 倍，丰富度指数高于 2.03 倍；种植后期（40～50 a），多年生草本植物占优势地位，多年生草本植物密度高于一年生草本植物 1.23 倍，丰富度指数高于 1.65 倍。

不同林龄人工柠条林林下草本植物随着年限的增加，物种的数量、植被盖度及密度呈显著增加趋势，群落有简单到复杂的演变过程（表 3.18）。柠条林种植前期（0～12 a），林下草本植物主要以一年生草本植物为主（米蒿）；种植中期（12～40 a），林下草本主要以一年生先锋物种为主(米蒿和野燕麦);种植后期(40～50 a),林下草本植物只要以多年生草本植物为主(披碱草),天然半灌木入侵(铁杆蒿)。

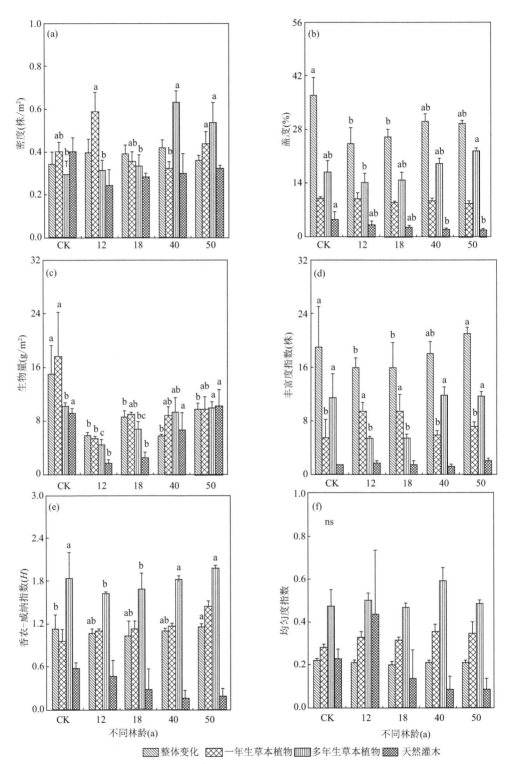

图 3.13 不同林龄柠条林林下草本群落多样性变化(ns:表示无显著差异;
图中不同小写字母代表在单因素方差分析中不同处理存在显著差异(P<0.05))

表 3.18　不同林龄人工柠条林下草本群落植物种类组成

物种名	生活性	0 a			12 a			18 a			40 a			50 a		
		高度(%)	密度(%)	频度(%)	高度(%)	密度(%)	频度(%)	高度(%)	密度(%)	频度(%)	高度(%)	密度(%)	频度(%)	高度(%)	密度(%)	频度(%)
米蒿 Artemisia dalai—lamae	AC	2.33	14.88	14.59	2.16	15.81	15.54	2.41	15.11	13.58	2.51	11.11	8.64	1.96	11.56	11.48
野燕麦 Avena fatua	AG	9.57	6.25	7.03	10.58	11.94	2.59	10.57	16.00	2.47	11.02	11.33	4.94	9.16	12.06	11.95
狗尾草 Setaria viridis	AG	4.39	4.67	3.78	8.61	11.82	3.11	9.52	3.20	5.56	10.26	10.86	3.70	8.47	2.27	1.73
猪毛菜 Salsola collina	AF	4.20	7.12	1.62	5.55	7.61	0.52	5.90	9.23	0.62	5.59	9.20	0.74	6.71	5.80	5.35
苣荬菜 Sonchus arvensis	PC	6.39	1.58	6.49	5.32	1.89	6.22	6.17	0.94	15.43	7.96	2.16	8.89	5.04	1.01	0.63
地角儿苗 Oxytropis bicolor	PL	1.60	4.14	3.78	1.66	6.65	2.07	1.83	5.46	3.09	1.57	3.96	1.73	1.18	3.11	1.89
黄芩 Scutellaria baicalensis	PF	5.82	0.93	0.54	9.21	3.77	1.04	9.23	2.83	1.23	10.10	2.33	0.74	7.19	1.43	0.47
地梢瓜 Cynanchum thesioides	PF	2.26	6.48	1.08	2.68	5.68	0.52	2.81	8.71	0.62	2.90	5.63	0.25	2.24	8.88	8.96
披针叶苔草 Carex lancifolia	PF	1.81	3.74	0.54	2.94	11.38	0.52	2.38	10.38	1.85	3.23	4.09	0.25	2.83	7.38	7.55
胡枝子 Lespedeza bicolor	SL	12.22	5.19	2.70	12.54	3.58	2.07	13.52	5.51	1.23	10.52	6.31	1.73	9.91	8.60	8.49
山苦荬 Ixeris chinensis	PC	3.06	5.49	2.16	3.00	2.13	0.52	2.49	2.73	—	2.56	4.11	—	1.87	1.66	0.94
披碱草 Elymus dahuricus	PG	17.58	13.82	6.49	17.52	2.72	7.25	15.65	14.59	9.88	15.72	9.09	10.86	12.55	13.98	0.79
黄耆 Astragalus membranaceus	PL	6.75	2.22	1.62	8.19	4.25	3.11	8.21	2.73	2.47	6.07	1.17	3.21	7.16	2.88	13.84
打碗花 Calystegia hederacea	PF	2.41	7.34	1.62	2.59	4.08	3.63	2.07	1.89	6.79	2.71	4.52	2.96	2.10	6.58	1.89
百蕊草 Thesium chinense	PF	2.04	2.80	2.16	2.76	5.27	0.52	4.11	5.36	0.62	2.10	3.54	0.25	2.91	2.15	6.60
白莲蒿 Artemisia sacrorum	SC	8.73	9.56	0.54	9.21	3.49	0.52	7.83	1.89	0.62	7.57	0.92	0.25	6.55	2.43	2.20
角蒿 Incarvillea sinensis	AF	3.61	0.93	4.86	6.24	1.02	3.63	—	—	8.64	—	—	5.68	5.20	1.41	0.79

续表

物种名	生活性	0 a 高度(%)	0 a 密度(%)	0 a 频度(%)	12 a 高度(%)	12 a 密度(%)	12 a 频度(%)	18 a 高度(%)	18 a 密度(%)	18 a 频度(%)	40 a 高度(%)	40 a 密度(%)	40 a 频度(%)	50 a 高度(%)	50 a 密度(%)	50 a 频度(%)
青蒿 Artemisia carvifolia	AC	4.04	1.87	12.97	—	—	—	—	—	—	—	—	—	—	—	—
苍耳 Xanthium sibiricum	AC	3.24	0.93	8.65	—	—	—	—	—	—	—	—	—	—	—	—
无心菜 Arenaria serpyllifolia	AC	2.82	0.93	7.03	—	—	—	—	—	—	7.32	0.88	11.11	—	—	—
半边莲 Lobelia chinensis	PF	1.15	6.54	1.08	—	—	—	—	—	—	—	—	—	—	—	—
木贼 Equisetum hyemale	PF	4.50	1.87	0.54	—	—	—	—	—	—	—	—	—	—	—	—
西伯利亚蓼 Polygonum sibiricum	PF	1.93	0.93	0.54	—	—	—	—	—	—	—	—	—	—	—	—
老鹳草 Geranium wilfordii	PF	4.67	0.93	0.54	—	—	—	—	—	—	—	—	—	2.79	1.11	0.3
蒲公英 Taraxacum mongolicum	PC	2.38	0.93	5.95	2.08	1.89	12.44	—	—	—	—	—	—	—	—	—
青葙 Celosia argentea	AC	—	—	—	4.87	1.89	0.52	—	—	—	—	—	—	—	—	—
鹤虱 Lappula myosotis	AC	—	—	—	3.50	1.02	11.40	—	—	—	—	—	—	2.91	0.96	0.31
苦苣菜 Sonchus oleraceus	PC	—	—	—	4.27	3.42	11.92	—	—	—	—	—	—	4.06	1.69	0.16
茵陈蒿 Artemisia capillaris	PC	—	—	—	5.47	1.89	5.70	—	—	—	5.90	0.96	4.69	—	—	—
天门冬 Asparagus cochinchinensi	PF	—	—	—	12.93	1.89	0.52	—	—	—	—	—	—	—	—	—
百里香 Thymus mongolicus	PF	—	—	—	3.40	1.89	1.04	—	—	—	3.85	5.27	0.49	4.28	1.46	0.31
益母草 Leonurus artemisia	PF	—	—	—	6.65	2.38	2.59	3.75	0.94	1.85	7.86	3.45	0.49	4.56	1.92	1.42
早熟禾 Poa pumila	AG	—	—	—	—	—	—	3.13	1.79	4.94	—	0.96	—	2.71	1.29	0.47
车前 Plantago asiatica	AF	—	—	—	—	—	—	1.95	0.94	1.23	2.29	2.49	0.25	2.71	2.36	0.94
蓝刺头 Echinops sphaerocephalus	PC	—	—	—	—	—	—	7.45	0.94	14.81	—	—	—	—	—	—

续表

物种名	生活性	0 a 高度 (%)	0 a 密度 (%)	0 a 频度 (%)	12 a 高度 (%)	12 a 密度 (%)	12 a 频度 (%)	18 a 高度 (%)	18 a 密度 (%)	18 a 频度 (%)	40 a 高度 (%)	40 a 密度 (%)	40 a 频度 (%)	50 a 高度 (%)	50 a 密度 (%)	50 a 频度 (%)
紫花地丁 Viola philippica	PF	—	—	—	—	—	—	0.51	2.83	0.62	0.84	3.86	0.25	0.66	5.17	3.77
虎尾草 Chloris virgata	AG	—	—	—	—	—	—	—	—	—	3.79	1.92	4.20	—	—	—
猪毛蒿 Artemisia scoparia	AC	—	—	—	—	—	—	—	—	—	5.82	2.15	9.63	5.70	1.34	0.31
灰绿藜 Chenopodium glaucum	AF	—	—	—	—	—	—	—	—	—	2.67	0.96	0.25	—	—	—
小红菊 Dendranthema chanetii	PC	—	—	—	—	—	—	—	—	—	5.34	0.88	5.68	—	—	—
狼尾草 Pennisetum alopecuroides	PG	—	—	—	—	—	—	—	—	—	4.97	2.88	2.22	5.57	1.38	0.63
少花米口袋 Gueldenstaedtia verna	PL	—	—	—	—	—	—	—	—	—	1.46	0.78	0.99	1.71	1.19	0.31
蒺藜 Tribulus terrester	PF	—	—	—	—	—	—	—	—	—	3.02	0.96	0.49	—	—	—
委陵菜 Potentilla chinensis	PF	—	—	—	—	—	—	—	—	—	7.81	3.45	0.25	4.28	3.60	1.2
泥胡菜 Hemistepta lyrata	AC	—	—	—	—	—	—	—	—	—	—	—	—	4.64	0.98	0.16
艾 Artemisia argyi	PC	—	—	—	—	—	—	—	—	—	—	—	—	10.21	4.09	1.89
白芍药 Artemisia lactiflora	PC	—	—	—	—	—	—	—	—	—	—	—	—	6.22	0.98	0.16
野豌豆 Vicia sepium Linn	PL	—	—	—	—	—	—	—	—	—	—	—	—	6.27	1.33	0.31
堇菜 Viola verecunda	PF	—	—	—	—	—	—	—	—	—	—	—	—	1.14	1.89	0.31
瞿松草 Thalictrum aquilegifolium	PF	—	—	—	—	—	—	—	—	—	—	—	—	4.58	0.93	0.16
铁杆蒿 Artemisia gmelinii	SC	—	—	—	—	—	—	—	—	—	—	—	—	4.59	0.90	0.16

注：AF、AC、AL、AG、PF、PC、PL、PG、SC、SL 分别为一年生禾本科、一年生菊科、一年生豆科、一年生杂草、多年生禾本科、多年生菊科、多年生豆科、多年生杂草、半灌木菊科、半灌木豆科；"—"代表样方内未出现。

3.3.2.6 植物群落与土壤环境因子的冗余分析(RDA)

不同植物类群与不同土层的土壤环境因子具有显著的正相关性,不同类群植物与土壤环境因子相关系数为1,轴1特征值范围为62.1%～99.8%,轴2特征值范围为94.5%～99.0%(图3.14和图3.15)。一年生草本植物密度数受土壤含水量、含盐量、速效磷及有机碳影响,呈正相关关系(图3.14a);而一年生草本植物丰富度指数及植物盖度与土壤环境因子之间呈正相关关系(图3.14b、c);一年生草本植物生物量与土壤含水量、有机碳、速效氮及速效钾呈正相关关系(图3.14d)。多年生草本的生物量及密度与土壤环境因子呈正相关关系(图3.14e—h);在0～60 cm,多年生草本的生物量及密度与土壤含水量呈负相关关系(图3.14e—g),在60～100 cm,多年生草本的生物量及密度与土壤含水量呈正相关关系(图3.14h)。0～60 cm,天然灌木的丰富度及盖度与土壤环境因子呈正相关关系(图3.15a—c);在60～100 cm,天然灌木的生物量及密度与土壤含水量、含盐量、pH及土壤养分具有正相关关系(图3.15d)。人工柠条的密度与土壤有机碳、含盐量、速效氮及含水量呈正相关关系,与种植年限及土壤速效钾呈负相关关系(图3.15e);10～100 cm,柠条的生物量与种植年限及土壤养分呈正相关关系(图3.15f—h);柠条的株高与种植年限、土壤速效钾、pH呈正相关关系,而与土壤含水量呈负相关关系(图3.15 g);60～100 cm,柠条生物量与种植年限、土壤 pH 及速效磷呈正相关关系(图3.15h)。

3.3.3 讨论

3.3.3.1 不同林龄人工柠条林土壤养分的变化动态

本研究结果表明,在晋西北丘陵风沙区种植柠条林后,土壤理化性质随着人工柠条林种植年限的增加而得到显著的改善。土壤水分不仅受地形坡向的影响,植物生长状况对其影响意义深远。柠条种植年限对土壤水分有着密切的关系,在人工柠条林种植前期(0～12 a),柠条生长发育迅速,冠幅增长较快,太阳辐射降低,减少了土壤水分的蒸发,土壤保水能力较好,土壤含水量可达13.37%,但是在种植中后期(12～40 a),由于草本植物多样性的增加,而柠条林的吸收细根(<2 mm)主要集中分布在0～100 cm,根系对水分的大量吸收,使得土壤含水量显著降低,且土壤表层(0～20 cm)相较于土壤深层(60～100 cm)含水量随着种植年限的增加而显著降低,梁海斌等(2014)在本研究区内对不同林龄柠条林土壤水分变化特征的研究发现,在 20 a 后土壤水分开始下降,这与本文研究结果相类似。同时,本研究还发现,人工柠条林种植前期(0～12 a),土壤有机碳和养分的积累起始于灌丛下,土壤有机碳和养分灌丛下含量均高于灌丛间;种植中后期(18～50 a),柠条冠幅增加,枝条数增多,灌丛间草本多样性增加,"土壤肥岛"地区从灌丛下向灌丛间扩展,土壤养分在灌丛间增加显著,灌丛下土壤速效磷和速效钾富集效应(E)降低,这与苏永中等(2004)在科尔沁沙地研究随着种植年限的增加"肥岛"区域向行间扩展的结果相似。草本层的恢复与演替对土壤有机碳和养分增多具有重要意义,由于草本植物生长周期短,促进了土壤有机碳和养分在土壤浅层循环(王瑶 等,2018)。随着人工林种植年限的增加,土壤养分在土壤表层聚集,由于人工林种植改善土壤物理结构特征,并且植物的枯枝落叶均在土壤表层聚集,在微生物的参与下分解转化,形成土壤养分后在表层富集(苏志珠 等,2018),结果是在不同土壤分层中,表层(0～20 cm)土壤养分含量明显高于土壤深层(60～100 cm),这与草本的根系主要集中在表层有关。

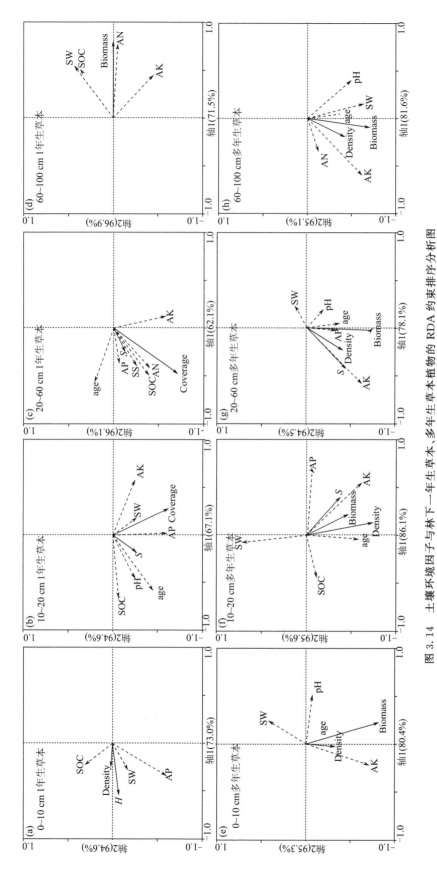

图 3.14　土壤环境因子与林下一年生草本、多年生草本植物的 RDA 约束排序分析图

注：age、AK、AN、AP、pH、SOC、SS、SW、Biomass、Coverage、Density、H、J ew、S 分别为林龄、土壤速效钾、土壤速效氮、土壤速效磷、土壤 pH 值、土壤有机碳、土壤含盐量、土壤含水量、生物量、盖度、密度、香农—威纳指数、均匀度指数、丰富度指数。下同

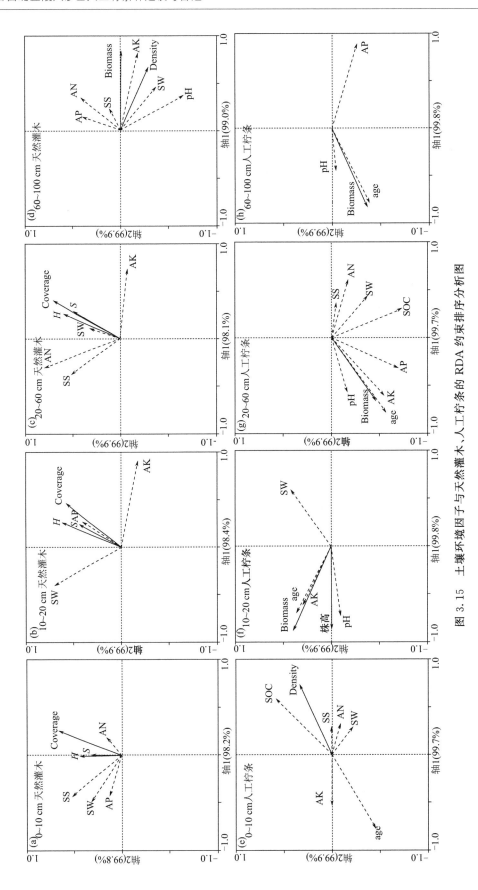

图 3.15 土壤环境因子与天然灌木、人工柠条的 RDA 约束排序分析图

3.3.3.2 天然草本植物的侵入和发育

在人工固沙植被系统中,林下草本植物对干旱半干旱区生态系统恢复发挥着重要的作用。本研究发现,在晋西北丘陵风沙区 50 a 人工柠条林下共出现 52 种草本植物,其中菊科、豆科及禾本科植物是主要的优势物种类群,这与郝文芳等(2012)在黄土丘陵区植被恢复的结果相似。由于人工灌木的冠幅的遮挡,在灌丛下截获了许多草本植物的种子,使灌丛周围形成一个重要的植物种子库(李香真 等,2002)。人工灌木灌丛下土壤养分不断积累,为草本植物的发育和长期生存提供了物质和能源的保障(王国华 等,2020),使得林下物种多样性随着种植年限的增加而显著增加。从人工柠条林时间序列的变化动态分析,本研究发现,随着人工柠条种植年限的增加,天然草本的物种数、盖度、密度与多样性指数都呈现出显著的增加趋势;在人工柠条林种植前期(0~12 a),人工柠条林下一年生草本(米蒿)为优势种;但是在种植中后期(12~50 a)时,多年生草本植物(披碱草)为优势种。一年生草本植物作为机会主义者,生产力和稳定性都比较差,而多年生草本在生态系统中是稳定的存在,并且在维持植物群落生态平衡和加强植物生产力等方面具有极其重要作用(崔静 等,2018)。在种植人工柠条林 50 a 间,随着种植年限的增加,群落从单一的人工灌木林演变为灌木、一年生草本、多年生草本和天然半灌木组成的多层次的稳定的植被群落,由此可得种植人工柠条林生态恢复效应远优于天然草本演替所形成的群落。

3.3.3.3 植物群落与关键土壤环境因子的关系

本研究发现,一年生草本植物生长性状与土壤环境因子有着显著的相关性,其中植物盖度受土壤水分及养分的影响,一年生草本植物为浅根性植物,土壤水分大多依靠降雨来调节,并以此促进草本植物的发育,而土壤速效磷能够促进草本植物根系的形成和生长,提高植物适应外界环境条件的能力(赵月华,2012)。同时,本研究还发现,一年生草本植物的生物量与土壤有机碳、速效氮及速效钾呈显著的正相关性,这是由于土壤有机碳、速效氮和速效钾可以为植物生长发育提供有效养分。多年生草本植物的密度和生物量受土壤环境因子的影响较大,其随着人工柠条林种植年限的增加,多年生草本植物性状及土壤因子而显著增长,并在种植后期(40~50 a)时达到最大值(图 3.14)。这是由于柠条林在生长过程中可以改善土壤质地,使得土壤有机碳和土壤养分含量增加,植物生存环境得到改善,从而有利于促进地表草本植物的存活和生长(Wezel et al.,2000),对于风沙区生态系统内物种多样性的恢复有重要意义。另外,本研究还发现,随着人工固沙植物种植年限的增加,人工柠条林的密度显著降低,这与人工林"自疏"现象有关(邓伦秀,2010),而柠条生物量与土壤环境因子之间却表现出正相关关系,这可能是因为在干旱半干旱区,土壤环境因子对柠条林的生长状况有很大的影响,当土壤养分增加时,柠条生长较好,柠条的冠幅和盖度也随之增加。在土壤沙化的环境中,柠条的固氮作用会提高土壤氮含量,从而促进林下草本植物的发育与生长(Scott et al.,2000),而林下有机碳的积累、微生物活性的增加(王世雄 等,2010),促进了土壤养分的富集,为植物群落的长期生长发育提供了能源保障。干旱半干旱区植物群落的生长与演替过程,也是植物对其生境中土壤养分变化的适应及不同物种对不同土壤环境因子梯度上相互竞争与替换的过程。

3.3.4 结论

晋西北丘陵风沙区 50 a 林龄的人工柠条林,在种植前期(0~12 a),柠条生长发育有利于土壤水分的改善,但是土壤盐分积累量也达最大值,草本植物以一年生先锋物种(米蒿)为优势物种;在种植中后期(18～50 a),土壤养分含量显著增加,在 50 a 时达到最大值,"土壤肥岛"现象明显且"肥岛"效应向灌丛间扩展,而林下草本植物演变成以多年生草本植物(披碱草)为优势种群,在种植年限为 50 a 时,林下有天然半灌木(铁杆蒿)入侵,构成了以人工柠条和天然草本组成的多层次复杂的生态系统。

3.4 晋西北丘陵风沙区坡面尺度柠条群落与其他优势固沙植物群落稳定性评价

晋西北丘陵地区,作为环京津地区防风固沙的重要生态屏障(薛占金,2013),区域内土壤沙化严重,是山西省最为典型的生态极度脆弱区(李金峰 等,2009)。20 世纪 70 年代起,该地开展了一系列以人工植被建设为主要生态修复措施的生态建设工程,有效促进了局地生境恢复(杨治平 等,2010)。然而由于气候恶劣,局地环境多样且复杂,尤其是黄土高原千沟万壑,支离破碎,由于树种选择不当、立地条件差的综合作用,人工固沙林出现了生长不良、功能低下的不稳定现象(程积民 等,2005;穆兴民 等,2003)。

不同乔灌植物群落生活型和根系活动深度不同,改善生态环境的能力也不同,所以首先应该遵循适地适树的原则。选择适宜的造林树种,建立优化稳定的人工防护林结构,是植被恢复的关键,也是防护林生态效益发挥的基础。适地适树原则既要选择适宜成林物种,又要选择适宜立地条件(高城雄,2008)。首先是选择适宜的成林植物,物种的选择不仅关系到植物的生长状况,而且关系到造林的成败。防护林体系建设中,较多人工林选择树种单一,而且多以纯林为主,人工林形成了许多小老头树和退化残次林(程积民 等,2005;穆兴民 等,2003),防护功能低。其次是选择适宜的立地条件,许多研究已经印证了坡位立地因子对植物生长和土壤养分有着重要影响(冯云 等,2011;张顺平 等,2015;吴昊,2015),根据造林地的立地条件选择适宜的树种(张景光 等,2002 a),使其正常发育生长,是建立稳定人工固沙系统的关键。晋西北丘陵风沙区是黄土高原生态环境最敏感地区之一,受到众多研究者的关注。古文婷等(2013)对晋西北黄土丘陵区不同固沙植物林下土壤含水量进行了排序,其结果为:小叶杨(*Populus simonii*)＞草地＞撂荒地＞柠条(*Caragana korshinskii*);梁海斌等(2014)对晋西北黄土丘陵区不同林龄的柠条林下土壤水分研究发现,10 a 柠条林土壤水分大于 20 a 和 35 a 的,且林龄大的柠条林下土壤水分亏缺比较严重;郭晋丽等(2017)分析了晋西北丘陵风沙区四种植被的土壤容重,研究发现杨树林地土壤容重最优,其次为柠条地、蒿地和草地;李青等(2017)分析了晋西北丘陵风沙区内小叶杨、樟子松(*Pinus sylvestris*)、油松(*Pinus tabuliformis*)等乔木和沙棘(*Hippophae rhamnoides*)、柠条、乌柳(*Salix cheilophila*)等灌木生态恢复效应,发现乔木樟子松和油松生态适应性很强,灌木柠条生态恢复效果最优。以往学者多关注于晋西北地区固沙植物的土壤状况,评价因子较为单一,对该区域优势植物生存稳定性的定量分析和综合性评价研究尚少,同时,晋西北丘陵风沙区位于黄土高原,陡坡众多,坡面上(尤其是 15°以上坡度)的人工固沙植物研究是重点也是难点,而目前针对坡面尺度下不同坡位固沙植物稳定性评价的研究也还相对较少。

本研究通过对 7 种优势植物以及撂荒地的 4 类评价指标(优势植物生长状况、土壤质量、林下植物生物量和多样性、Godron 指数),共计 15 个评价因子的计算,综合运用生物生态学和数学生态学方法隶属度评判法对其稳定性进行比较,对人工固沙植被的稳定性进行综合评选并排序,综合评选出稳定性最高的人工固沙植物,以期为晋西北丘陵风沙区人工固沙植被的恢复和科学管理提供科学依据和理论支撑。

3.4.1 材料和方法

3.4.1.1 研究区概况

研究区位于忻州市五寨县石咀头村（海拔 1400 m 左右），属于温带大陆性气候，冬长夏短，昼夜温差大，年平均气温 4.9℃，有效积温 2452℃·d，年均日照时数为 2872.1 h，年均无霜期约 133 d，年平均降水量稀少为 532.1 mm，全年降水量主要集中于 7—8 月。本区内乔木主要有：油松（*Pinus tabuliformis*）、旱柳（*Salix matsudana*）、小叶杨（*Populus simonii*）和刺槐（*Robinia pseudoacacia*），灌木主要为人工柠条林（*Caragana korshinskii*），林下优势草本植物有米蒿（*Artemisiadalai-lamae Krasch*）、刺藜（*Chenopodium aristatum*）和狗尾草（*Setaria viridis*）等。研究区内风大沙多，是京津沙源地，其植被生态建设直接关系到当地、首都以及华北地区的生态安全。

3.4.1.2 研究方法

3.4.1.2.1 样地设置与调查

2013 年山西省科技厅在忻州市五寨县石咀头村建立了实验林地，为本实验提供了天然场所（各林地均为同龄纯林，栽种初始密度一致）。2020 年 8 月我们在此实验林地中不同坡位选择了 7 种 8 a 生优势树种植物（油松、青杨、樟子松、刺槐、旱柳、柠条、紫穗槐），以邻近天然摞荒地作为对照。8 种植物样地分别在上中下三个坡位，各设置 3 个 10 m×10 m 的样方作为重复，共 72 个样方，每个样方内采集 0～20 cm 的土壤，带回实验室进行理化实验，各样方地内用检尺实测长势均匀且良好的 7 种植物的数量、株高、冠幅并数分支数，剪取均匀的三支称其鲜重带回实验室，后 80°烘干至恒重，并称其干重。植物郁闭度使用目测法。样地植物基本情况见表 3.19（摞荒地植被主要以草本植物为主，无乔灌生长）。

表 3.19 样地基本信息

植物类型	样地	海拔(m)	坡位	坡度(°)	冠幅(cm)	株高(cm)	郁闭度
乔木	油松 *Pinus tabuliforms*	1393.65	上	11	119.17.67±13.32[a]	228.00±17.09[b]	0.78±0.03[b]
		1391.53	中	15	124.67±11.72[a]	250.00±10[ab]	0.86±0.01[ab]
		1388.84	下	26	143.33±21.89[a]	287.67±33.56[a]	0.88±0.03[a]
	青杨 *Populus cathayana*	1393.78	上	10	96.17±15.63[a]	214.50±10.68[b]	0.58±0.09[a]
		1391.66	中	25	114.83±1.20[a]	354.38±24.53[a]	0.62±0.10[a]
		1388.29	下	15	106.17±4.75[a]	418.29±32.04[a]	0.65±0.11[a]
	樟子松 *Pinus sylvestris*	1389.96	上	8	96.00±3.79[b]	188.10±16.45[a]	0.73±0.05[a]
		1387.41	中	15	131.00±6.05[a]	189.03±8.37[a]	0.80±0.04[a]
		1383.83	下	28	138.00±5.20[a]	241.55±36.50[a]	0.82±0.03[a]
	刺槐 *Robinia pseudoacacia*	1392.47	上	10	102.83±10.98[a]	342.67±15.67[a]	0.64±0.03[a]
		1388.18	中	16	83.83±24.66[a]	264.47±9.68[b]	0.55±0.11[a]
		1385.62	下	13	93.00±11.63[a]	352.83±27.15[a]	0.59±0.10[a]
	旱柳 *Salix matsudana*	1392.06	上	5	47.17±15.90[a]	191.67±25.66[a]	0.28±0.06[a]
		1389.77	中	15	26.83±3.42[a]	113.33±20.82[b]	0.24±0.05[a]
		1386.43	下	10	54.50±5.48[a]	196.67±35.12[a]	0.31±0.09[a]

植物类型	样地	海拔(m)	坡位	坡度(°)	冠幅(cm)	株高(cm)	郁闭度
灌木	柠条 *Caragana korshinskii*	1388.18	上	10	190.67±61.63[a]	142.33±9.29[ab]	0.49±0.10[a]
		1386.81	中	13	116.67±6.98[a]	112.67±20.4[b]	0.57±0.04[a]
		1384.15	下	19	172.33±18.58[a]	177.33±28.31[a]	0.58±0.04[a]
	紫穗槐 *Amorpha pseudoacacia*	1388.31	上	9	142.83±14.30[a]	146.67±5.77[a]	0.46±0.04[a]
		1386.15	中	16	152.67±16.36[a]	144.67±8.39[a]	0.44±0.08[a]
		1383.96	下	22	139.67±7.22[a]	137.33±2.89[a]	0.49±0.04[a]
对照组	摞荒地 Abandoned land	1386.15	上	10	—	—	
		1384.97	中	25	—	—	
		1382.49	下	14			

注:不同字母上标代表在单因素方差分析中不同处理存在显著差异($P<0.05$)。

7种植物样地以及摞荒地样地按照上中下三个坡位,各设置5个$1×1\ m^2$的草本样方,共120个样方,记录各样方内林下植物物种数、高度、盖度,并称其鲜重带回实验室80°烘干至恒重,获得林下植物生物量。

3.4.1.2.2　土壤样品测定

土壤样品测定:土壤含水量利用德国产STEPS土壤五参数分析仪(型号COMBI 5000)的SMT 100传感器探头对土壤剖面的土壤水分进行测量,土壤有机质:采用重铬酸钾氧化—硫酸亚铁滴定法测定,土壤碱解氮:采用碱解扩散法测定,土壤速效钾:采用1 mol/L醋酸铵溶液浸提—火焰光度法测定,土壤速效磷:采用0.5 mol/L的$NaHCO_3$浸提—钼锑抗比色法测定(鲍士旦,2002)。

3.4.1.3　稳定性评价体系

3.4.1.3.1　稳定性评价指标和因子

(1)优势植物生长状况

参与评价的因子为:冠幅、株高、枝叶生物量。稳定性是植物群落结构与功能的一个综合性特征(刘方炎 等,2021),它首先体现优势植物的生长状况,其中植物枝叶生物量反映的是生态系统生产能力,对生态系统的稳定性具有指示作用。

(2)土壤质量

参与评价的因子为:表层土壤水分和土壤有机质、碱解氮、速效钾、速效磷。土壤质量的改善是固沙地区土地恢复的最终目标,土壤水分是生态系统功能和过程的关键驱动因子(莫保儒等,2013),土壤养分在系统演替过程中的良化或恶化及其程度,是评价稳定性的一个重要指标(赵哈林 等,2004);

(3)林下植物生物量和多样性

参与评价的因子为:生物量、高度、密度、多样性指数、丰富度指数、均匀度指数。林下植物是林地生态系统生物多样性的重要组成部分,林下植被的生长状况和结构特征反映了生态系统的健康状况,林下植物多样性也是维持植物群落稳定性的基本要求(周文洁,2020)。

林下植物多样性采用α多样性指数综合评估群落物种多样性水平,公式如下:

$$物种丰富度指数(D):D=S \tag{3.7}$$

$$香农\text{-}威纳(Shannon\text{-}Wiener)多样性指数(H):H=-\sum_{i=1}^{S}P_i\ln P_i \tag{3.8}$$

$$\text{Pielou 均匀度指数 } J:(J_{sw}):J_{sw} = H/\ln S \tag{3.9}$$

式中，$P_i = n_i$（第 i 种的个体数）$/n$（调查物种的总个体数）；S 为物种数。

（4）Godron 指数

Godron 指数是将不同优势种植物群落相对频度与种总数倒数累积一一对应，绘制散点图，将各点以一条平滑曲线拟合起来，同时做直线 $y = 100 - x$，直线与曲线的交点 (x/y) 作为稳定性的参考点，并求出交点坐标。Godron 指数得到的交点坐标，越接近群落稳定点 20/80，就越稳定（郑元润，2000）。

3.4.1.3.2　稳定性评价方法

利用模糊隶属法综合评价群落稳定性（王宇超 等，2015；高润梅 等，2012），要求对参与评价的所有土壤和植被指标因子的权重都是相等的，首先对初始数据做标准化的处理，所采用的公式如下：

$$X_{jk}^* = X_{jk}/X_{k\max} \times 1000 \tag{3.10}$$

式中，X_{jk}^* 为 X_{jk} 的标准化值，X_{jk} 为第 j 项指标第 k 个评价因子的实测值，$X_{k\max}$ 为第 k 个评价因子的最大值。

通过计算模糊数学中的隶属函数值对 7 种植物以及撂荒地进行综合评价，所采用的公式如下：

$$U(X_{ik}) = (X_{ik} - X_{k\min})/(X_{k\max} - X_{k\min}) \tag{3.11}$$

式中，$U(X_{ik})$ 为第 i 种群落第 k 项指标的隶属度，X_{ik} 为评价指标的标准值或多项参评因子标准值的平均值；$X_{k\max}$ 表示所有群落第 k 项指标的最大值，$X_{k\min}$ 表示所有群落第 k 项指标的最小值。

3.4.1.4　数据处理

实验数据使用 SPSS21.0 软件进行整理和分析，采用单因素方差分析（One-Way ANO-VA），在 95% 的置信水平上，用 Duncan 显著性检验方法比较不同优势植物的枝叶生物量、表层土壤水分和养分、林下植物生物量、林下植物高度和密度、林下植物多样性指数的差异，以及比较同一优势植物不同坡位之间的枝叶生物量、表层土壤水分和养分、林下植物生物量的差异。文中所有图均利用 Origin8 软件完成。

3.4.2　结果与分析

3.4.2.1　不同优势植物生长状况

不同优势植物的单枝枝叶生物量存在显著差异（$P<0.05$）。从整个坡面来看，乔木中单枝枝叶生物量平均值最高的是油松（1457.1 g），其次是樟子松（1077.1 g）、青杨（892.5 g）、刺槐（847.1 g）、旱柳（47.37 g），旱柳单枝生物量仅为油松的 1/30；灌木中，柠条（1429.1 g）单枝枝叶生物量最高，约为紫穗槐（458.0 g）生物量的 3 倍；从不同坡位来看，多数优势植物在坡上、坡中、坡下的单枝枝叶生物量也存在显著性差异（$P<0.05$），除了旱柳和紫穗槐，其余都是坡下生物量值最大（图 3.16）。

3.4.2.2　土壤质量

3.4.2.2.1　土壤水分

不同优势植物的表层土壤水分存在显著差异（$P<0.05$）。灌木（柠条 12.68%＞紫穗槐 12.09%）表层 0～20 cm 土壤平均水分高于乔木和撂荒地（青杨 11.9%＞撂荒地 11.8%＞油

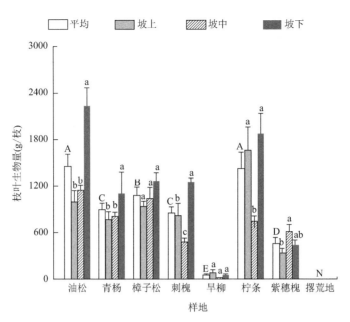

图 3.16　不同样地油松 *Pinus tabuliform*；青杨 *Populus cathayana*；樟子松 *Pinus sylvestris*；刺槐 *Robinia pseudoacacia*；旱柳 *Salix matsudana*；柠条 *Caragana korshinskii*；紫穗槐 *Amorpha pseudoacacia*；植物枝叶生物量不同大写字母表示不同植物处理间差异显著，图中不同小写字母代表在单因素方差分析中不同处理存在显著差异（$P < 0.05$）

松 11.5％＞樟子松 10.9％＞刺槐 10.1％＞旱柳 8.5％）；樟子松、刺槐、柠条和摞荒地在不同坡位的表层土壤水分也存在差异显著（$P < 0.05$），所有植物土壤水分均表现为：坡下＞坡中或坡上（图 3.17）。

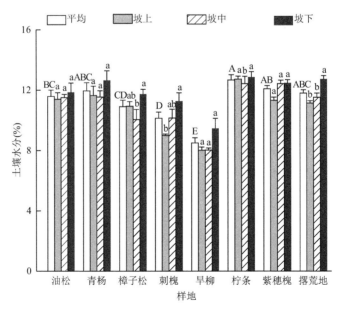

图 3.17　不同样地植物 0～20 cm 的土壤水分
（图中不同小写字母代表在单因素方差分析中不同处理存在显著差异（$P < 0.05$））

3.4.2.2.2　土壤养分

不同优势植物的表层土壤养分均存在显著差异($P<0.05$)。乔木中表层土壤有机质含量平均值最高的植物是:青杨(7.0 g/kg)和油松(6.9 g/kg),其余乔木土壤有机质含量从高到低为:樟子松(5.7 g/kg)>刺槐(4.9 g/kg)>旱柳(4.7 g/kg);灌木中柠条(6.3 g/kg)>紫穗槐(4.5 g/kg),乔灌木各植物表层土壤有机质含量都高于撂荒地(3.8 g/kg)。

乔木中表层土壤水解氮含量平均值最高的是旱柳(33.9 mg/kg),其余乔木植物表层土壤水解氮含量依次为:油松(31.4 mg/kg)>刺槐(27.5 mg/kg)>撂荒地(26.4 mg/kg)>青杨(26.0 mg/kg)>樟子松(23.4 mg/kg);灌木表层土壤水解氮含量柠条(36.2 mg/kg)>紫穗槐(30.0 mg/kg)。

不同乔木植物表层土壤速效钾平均含量从多到少排序为:青杨(70.5 mg/kg)>油松(64.8 mg/kg)>刺槐(53.3 mg/kg)>旱柳(47.3 mg/kg)>樟子松(44.2 mg/kg);灌木中柠条(52.3 mg/kg)>紫穗槐(38.9 mg/kg),乔灌木各植物表层土壤速效钾含量都高于撂荒地(36.4 mg/kg)。

不同植物表层土壤速效磷含量除了旱柳和撂荒地较低,其他乔灌植物含量都相差很小,约12 mg/kg。

撂荒地的四个土壤养分指标几乎都是最低。各优势植物在不同坡位的土壤养分也存在显著性差异($P<0.05$),油松、青杨、樟子松、旱柳、柠条的土壤有机质、解碱氮、速效钾、速效磷都是坡下>坡中和坡上(图 3.18)。

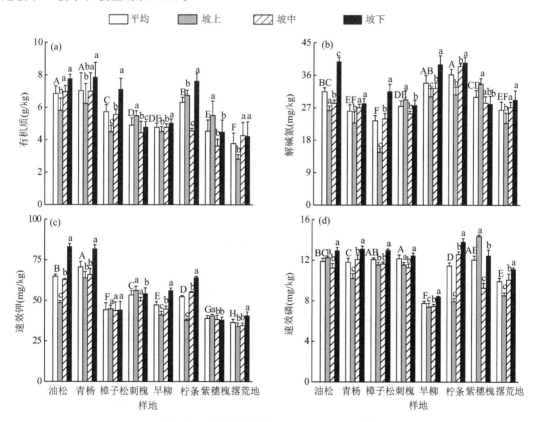

图 3.18　不同样地植物 0~20 cm 的土壤养分

(图中不同小写字母代表在单因素方差分析中不同处理存在显著差异($P<0.05$))

3.4.2.3 林下植物生物量和多样性

3.4.2.3.1 林下植物生物量

不同优势植物的林下植物平均生物量存在显著差异($P<0.05$)。乔木中青杨(87.2 g)的林下植物生物量最高,只有青杨生物量大于撂荒地(67.4 g),其次是刺槐(54.7 g)、旱柳(46.5 g)、油松(19.6 g)和樟子松(14.7 g),油松和樟子松林下植物生物量极少,不足青杨林下生物量的1/4;灌木中柠条(50.4 g)>紫穗槐(41.3 g);多数优势植物在不同坡位的林下植物生物量也存在差异性显著($P<0.05$),旱柳是坡上生物量远大于坡中坡下,其余植物以及撂荒地基本是坡下生物量多(图 3.19)。

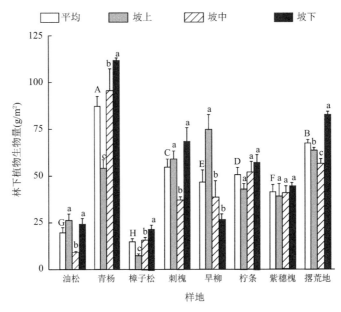

图 3.19 不同样地植物林下植物生物量

(图中不同小写字母代表在单因素方差分析中不同处理存在显著差异($P<0.05$))

3.4.2.3.2 林下植物类群组成

不同优势植物林下草本植物共计 26 种,分属 17 科 25 属,其中菊科(4 种),豆科(4 种),禾本科(4 种)是主要的植物类群,林下灌木植物共计 2 种(表 3.20)。

表 3.20 人工林林下植物类群组成

林下植物类群	林下植物组成		
一年生草本植物	狗尾草(*Setaria viridis*)	刺藜(*Chenopodium aristatum*)	米蒿(*Artemisiadalai-lamae Krasch*)
	香青兰(*Dracocephalum moldavica*)	早熟禾(*Poa pumila*)	野燕麦(*Avena fatua*)
一年到多年生草本植物	斑地锦(*Euphorbia maculata*)	灰绿藜(*Chenopodium glaucum*)	益母草(*Leonurus artemisia*)
	角蒿(*Incarvillea sinensis*)	狗娃花(*Heteropappus hispidus*)	
多年生草本植物	披碱草(*Elymus dahuricus*)	木贼(*Equisetum hyemale*)	老鹳草(*Geranium wilfordii*)
	黄耆(*Astragalus propinquus*)	披针叶苔草(*Carex lanceolata Boott*)	地角儿苗(*Oxytropis bicolor Bunge*)

林下植物类群	林下植物组成		
多年生草本植物	蓝刺头(*Echinops sphaerocephalus*)	少花米口袋(*Gueldenstaedtia verna*)	茵陈蒿(*Artemisia capillaries*)
	猪毛菜(*Salsola collina*)	地梢瓜(*Cynanchum thesiodes*)	打碗花(*Calystegia hederacea*)
	天门冬(*Asparagus cochinchinensi*)	唐菘草(*Thalictrum aquilegifolium*)	紫花地丁(*Viola philippica*)
多年生灌木或半灌木	胡枝子(*Lespedeza bicolor*)	百里香(*Thymus mongolicus Ronn*)	

　　七种优势植物的林下植物都是以一年生草本植物为主,其次是多年生草本植物,一年到多年生草本植物和灌木很少。各优势树种林下一年生草本植物类型数差异不显著,一年到多年生草本植物类型数差异显著($P<0.05$),旱柳和撂荒地都是(1 种),其余植物都不足一种,油松樟子松一年到多年生草本植物为零;各优势植物林下多年生草本植物类型数也有显著性差异($P<0.05$),青杨林下多年生草本植物最多(5.7 种),其次是刺槐(4.7 种)、旱柳(4.3 种)、柠条(4.3 种)、撂荒地(4.3 种)、油松(2.7 种)、紫穗槐(2.7 种),最少的是樟子松只有 1 种(图 3.20 a);不同优势植物林下植物生长类型数差异显著($P<0.05$),其中青杨林下草本植物类型数最多(11 种),樟子松草本植物类型数最少(5.7 种),其余植物类型数相差较小。樟子松、刺槐、旱柳、柠条多年生小灌木类型数为(1 种),青杨(0.67 种),其次是油松和紫穗槐(0.3 种),撂荒地没有灌木(图 3.20b)。

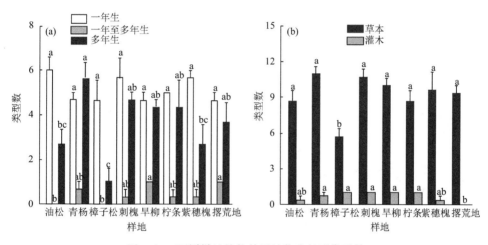

图 3.20　不同样地植物林下植物生长型类型数
(不同字母表示林下植物在单因素方差分析中不同处理间差异显著(P<0.05))

3.4.2.3.3　林下植物高度和盖度

　　不同优势植物的林下植物高度和盖度均存在显著差异($P<0.05$)。灌木林下植物高度和盖度都高于各乔木。灌木中柠条林下植物高度为(47.7 cm),盖度为(51.3%),紫穗槐仅次于柠条,高度为(45.4 cm),盖度为(43.5%);乔木中青杨林下植物高度(43.13 cm)最高,刺槐林下植物盖度(42.67%)最大,樟子松的高度(10.2 cm)和盖度(8.4%)都是最小的(图 3.21)。

3.4.2.3.4　林下植物多样性

　　不同优势种的林下植物多样性指数均存在显著差异($P<0.05$)。乔木中:樟子松、油松林下植物多样性指数(0.26 和 0.23)和均匀度指数(0.26 和 0.21)最高,丰富度指数(6.7 和 9)最低。青杨相反,物种丰富度指数最高(11.3),多样性指数(0.2)和均匀度指数(0.17)相对较低,

刺槐和旱柳各指数均居中;灌木中:柠条各多样性指数和紫穗槐大致相同(图3.22)。

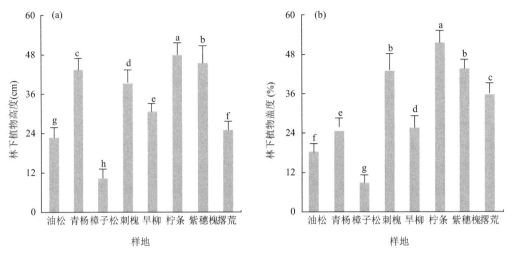

图3.21　不同样地植物林下植物高度和盖度

(图中不同小写字母代表在单因素方差分析中不同处理存在显著差异($P<0.05$))

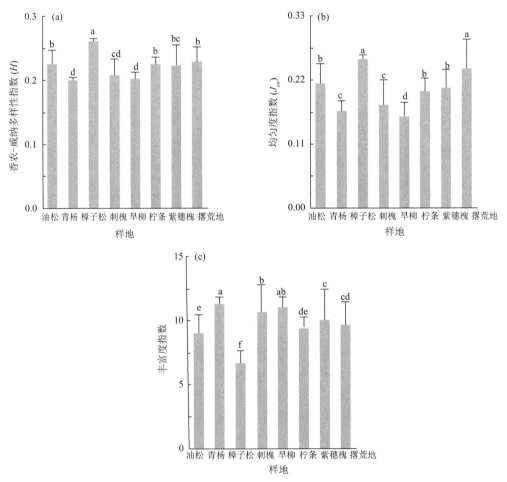

图3.22　不同样地植物林下植物多样性比较

(图中不同小写字母代表在单因素方差分析中不同处理存在显著差异($P<0.05$))

3.4.2.4　Godron 指数

乔木中刺槐交点坐标为 33.33/66.67,离群落稳定点最近,其次是旱柳:34.53/65.47、油松:34.97/65.03、樟子松:35.58/64.42、青杨:36.33/63.67;灌木中柠条林的交点坐标为 32.24/67.76,离群落稳定点最近,其次紫穗槐:35.74/64.25;撂荒地交点坐标为 37.97/62.03(图 3.23)。

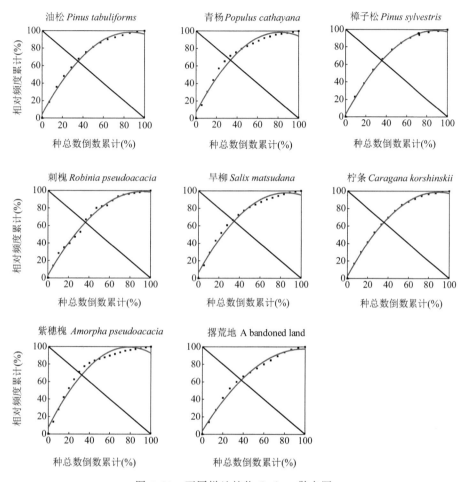

图 3.23　不同样地植物 Godron 散点图

3.4.3　综合稳定性评价指标体系

由表 3.21 标准值和表 3.22 的评价结果得知,各植物群落的稳定性隶属度为 0.28～0.82。乔木中油松的稳定性最高,隶属度为 0.69,其次是刺槐、青杨,隶属度分别为 0.67 和 0.66,樟子松、旱柳、稳定性最低,隶属度分别为 0.39 和 0.28;灌木中柠条稳定性隶属度为 0.82,远大于紫穗槐 0.64;乔灌木都高于撂荒地的隶属度 0.203。

表 3.21　不同样地植物 4 项综合稳定性指标的标准值

评价指标		油松 *Pinus tabuliforms*	青杨 *Populus cathayana*	樟子松 *Pinus sylvestris*	刺槐 *Robinia pseudoacacia*	旱柳 *Salix matsudana*	柠条 *Caragana korshinskii*	紫穗槐 *Amorpha pseudoacacia*	撂荒地
优势植物生长状况	冠幅	809.41	642.16	763.07	584.66	268.64	1000.00	909.76	—
	株高	775.75	1000.00	627.15	969.60	508.28	438.02	434.32	—
	枝叶生物量	1000.00	612.55	739.18	581.39	32.51	979.44	314.34	—
	平均值	861.72	751.57	709.80	711.88	269.81	805.82	552.81	—
土壤质量	土壤水分	913.36	942.44	860.27	799.56	670.74	1000	952.87	931.04
	有机质 r	973.48	1000	813.63	696.91	678.17	896.99	645.31	537.36
	水解氮	867.57	718.27	645.39	757.51	934.55	1000	828.33	728.23
	土壤速效钾	918.72	1000	627.03	756.18	670.43	741.41	551.35	516.02
	土壤速效磷	976.99	971.25	992.57	1000	638.49	942.24	990.4	815.92
	平均值	930.02	926.39	787.78	802.03	718.48	916.13	793.65	705.71
林下植物生物量和多样性	生物量	224.46	577.41	168.37	626.8	533.27	1000	474.02	773.20
	高度	471.37	904.76	213.97	825.05	640.44	1000	951.96	522.13
	盖度	349.31	473.99	163.65	831.29	493.47	1000	846.68	692.77
	多样性指数	921.2	749.72	847.95	806.33	872.92	1000	766.37	931.19
	均匀度指数	650.15	512.63	1000	546.16	529.64	564.63	528.18	625.36
	丰富度指数	736.84	1000	526.32	894.74	842.11	684.21	947.37	789.47
	平均值	558.89	703.09	486.71	755.06	651.98	874.81	752.43	722.35
Godron 指数	曲线类型	$y=-0.0113x^2+2.0142x+8.4046$	$y=-0.0107x^2+2.0129x+4.6605$	$y=-0.0113x^2+2.0515x+5.7343$	$y=-0.0122x^2+2.0561x+11.697$	$y=-0.0112x^2+1.9822x+10.378$	$y=-0.0114x^2+2.0725x+4.7364$	$y=-0.0137x^2+2.1922x+11.322$	$y=-0.0087x^2+1.789x+6.6509$
	相关系数	0.995	0.993	0.998	0.979	0.988	0.999	0.971	0.992
	交点坐标	34.97/65.03	36.33/63.67	35.58/64.42	33.33/66.67	34.53/65.47	35.74/64.25	32.24/67.76	37.97/62.03
	标准值	769.4	749.08	791.42	754.12	748.22	749.61	747.31	836.23

表 3.22　不同植物 4 项综合稳定性指标的隶属度和平均值

植物类型		优势植物生长状况	土壤质量	林下植物生物量和多样性	指数	平均值	排序
乔木	油　松 *Pinus tabuliforms*	1	1	0.19	0.55	0.69	1
	刺　槐 *Robinia pseudoacacia*	0.75	0.43	0.69	0.82	0.67	2
	青　杨 *Populus cathayana*	0.81	0.98	0.56	0.3	0.66	3
	樟子松 *Pinus sylvestris*	0.74	0.37	0	0.44	0.39	4
	旱　柳 *Salix matsudana*	0	0.06	0.43	0.62	0.28	5
灌木	柠　条 *Caragana korshinskii*	0.91	0.94	1	0.41	0.82	1
	紫穗槐 *Amorpha pseudoacacia*	0.48	0.39	0.68	1	0.64	2
对照	撂荒地	—	0	0.61	0	0.20	—

3.4.4　讨论

3.4.4.1　优势植物枝叶生产力

本研究发现在不同优势植物的枝叶生物量和同一种优势种在不同坡度之间的枝叶生物量都存在显著差异,这说明除了物种会影响优势种生物量的积累,坡位作为重要的立地因子也会对植物生物量产生较大影响。乔木中油松单枝生物量最大,灌木中柠条的单枝生物量最大。不同坡位的同种植物基本是坡下枝叶生物量值是最大的,与梁淑娟等(2005)的研究结果基本一致,因为坡位影响着植物生长,下坡位的土壤水分、养分更好,从而促进了植物生长和有效成分积累(胡永颜,2020)。

3.4.4.2　土壤质量

本研究发现灌木林(柠条和紫穗槐)表层土壤水分要优于各乔木和撂荒地,这与张敏等(2014)的研究相似。这主要是由于相较于乔木林,灌木林土壤水分入渗能力更强,蒸腾量较低(夏江宝 等,2004),其中灌木中蓄水作用最好的是柠条,因为柠条林地有大量枯枝落叶的存在,林地内土壤蒸发减弱,柠条林便有较高的保水功能。柠条林在不同坡位的表层土壤含水量显著不同,本节所研究的另六种植物和撂荒地土壤水分也都是坡下>坡中或坡上,与郝振纯等(2012)和赵鑫等(2020)的研究类似。坡底土壤含水量最大,中坡位和上坡位的土壤水分和凋落物由于坡度倾斜和风力作用,使土壤细小颗粒物和植物凋落物在下坡位产生集聚,因此下坡土壤水分条件更好。

本研究还发现人工林种植后土壤养分恢复明显,且具有明显的"沃岛"现象。摞荒地土壤有机质、水解氮、速效钾、速效磷含量与其他七种植物相比,养分含量最低,这说明人工林种植比天然恢复更能够提高土壤的养分。与其他植物相比,乔木中的油松和灌木中的柠条表层土壤有机质和各速效养分含量基本是最高的,而同种植物在不同坡位中,坡下植物养分基本高于坡中或坡上植物,说明低坡位更能积累植物生长所需的养分,这与邓继峰等(2017)和韦建宏等(2017)研究的结果一致。相较上中坡位,下坡位土壤养分条件更优,一方面是由于大量凋落物在下坡集聚,腐化后产生养分富集于土壤的表层,另一方面雨水冲刷作用使土壤养分随着水分在下坡位汇集,同时还有研究表明坡位越低,根系分布越集中,土壤养分越有集聚的趋势(高冉等,2020)。

3.4.4.3 林下植物生物量和多样性

本研究发现,植物的种类是影响林下植物生物量的首要因素,乔木中生物量最多的是青杨,最少的是油松和樟子松,不足青杨生物量的1/4,是因为油松和樟子松的林分长期保持着最高的郁闭度,多个研究也表明植物的林下植物生物量是与郁闭度呈负相关关系(陈昊泓 等,2020;李芳,2016),林下植被所获得的光资源少,产生了较多苔藓,并且林内枯枝落叶全为针叶,不易分解,林下腐殖质较少,其林下植物生物量更少;影响林下植物生物量的因素还有植物的坡位,七种植物基本表现为下坡位林下植物生物量积累的更多,这与孙巧玉等(2012)的研究结果是相似的。主要是由于下坡位水分的分配比较充足,养分积累较多,有利于林下植物的定值和生长,促进了林下生物量的积累。

本研究还发现林下植物多样性最高的是樟子松,但综合其稳定性指标却很低,青杨林下植物多样性最低,但其稳定性却较高,这说明林下群落多样性和稳定性之间存在着较为复杂的关系,与刘晶等(2021)和安丽娟等(2007)的研究结果类似。林下植物多样性指数只是表现了植物一方面的特征,而稳定性是由多种因素共同作用的结果,不能简单地断定两者的正负相关关系。稳定性与多样性之间可能存在一个多样性阈值,在阈值以下多样性的增加对植被和稳定性的维持和功能的提高是有利的,当多样性增加到一定程度后,它对植被稳定性和功能的作用就可能不再明显了(安丽娟 等,2007)。

3.4.4.4 不同优势种植物稳定性综合评价

本研究发现乔木中油松的稳定性最高,隶属度平均值为 0.69;灌木中柠条的稳定性最高,隶属度平均值为 0.82。本节所得的结果基本符合当地植物群落发育状况和发展趋势,但与郭其强等(2009)研究的黄土高原黄龙山乔木植物群落稳定性的结论略有不同,其中油松林的土壤养分、植物生产力、物种多样性三项指标与本文基本一致,但其隶属度平均值仅为 0.36,是由于本研究区内实验林地人为干扰少,未将人为干扰指标列为评价因子。本节与郭伟(2018)研究结果相似,均为油松林和柠条林稳定性好和生态效应优。本研究还发现,七种人工固沙优势植物群落稳定性均高于摞荒地,这与王改玲等(2014)对晋北植被的研究结果相同,表明与自然摞荒地相比,人工林能更好的发挥环境恢复和维持生态稳定的作用。在进行生态恢复造林物种选择时,种植乔木油松和灌木柠条稳定性高,并可以有效增加植被稳定性和丰富度;在植物坡位选择时,可以选择条件更好的坡下种植,使植物群落的生态效应得到最大化可持续的发挥。

3.4.5 展望

本节既评价了植物群落的功能稳定性,又评价了植物群落的结构稳定性,对群落稳定性的评价相对完整。但由于生态系统功能和结构上的复杂性以及稳定性表达的多样性,至今还没建立起统一的稳定性评价体系,今后在植物与土壤的机理关系上,对评价指标因子进行模块化设定,建立统一的定量的指标体系。同时群落稳定性是一个动态变化的过程,应该建立长久统一的观测体系(植物群落指标、优势种性状指标、土壤状况指标)可能会为今后固沙植被群落研究提供更加全面的数据支撑。

第4章 柠条林下土壤细菌和真菌群落沿50年时间的演替

4.1 基于空间代替时间的柠条林土壤细菌和真菌群落演替过程

土壤微生物在土壤养分循环、结构形成和植物相互作用中起着关键作用。这些作用在生态系统恢复期间对于重建土壤微生物功能和生物多样性很重要（Jim，2009）。例如，土壤微生物可以促进腐植酸的形成，腐植酸是土壤改良和地上植物生长的重要组成部分（Schinel，1995；Harris，2003；孙雪 等，2017）。此外，一些微生物可以帮助提高陆生植物的抗逆性和资源利用效率（Mendes et al.，2011），而土传病原微生物会影响植物的健康（Wall et al.，2015）。一般来说，微生物对环境胁迫比动、植物更加敏感（Panikov，1999）；外部因素对土壤微生物群落结构和功能有相当大的影响。不同的土壤微生物群落组成和多样性可以反映植被恢复过程中土壤环境和植物群落的变化（Yeates，1979；Wall et al.，1999；吴东辉 等，2008；Hu et al.，2012；Frouz et al.，2016；杜晓芳 等，2018）。在干旱和半干旱地区，土壤微生物在生态系统保护和维持地上生态系统稳定生产力方面发挥着重要作用。

在过去的几十年以来，全球荒漠化面积持续增加（何志斌 等，2005；赵文智 等，2018）。中国是受沙漠化影响最严重的国家之一（马艳平 等，2007）。中国政府实施了一系列的生态恢复措施，如退耕还林、京津沙源治理工程与三北防护林建设工程（马永欢 等，2006）。

柠条锦鸡儿属于豆科植物。这种植物具有极发达的根系，对干旱、热、冷、盐和碱性具有很强的抵抗力并呈现出旱生结构。此外，柠条在水土保持、植被恢复和生态环境改善方面发挥着重要作用。柠条是自然生长在恶劣环境中的主要灌木物种（张红娟 等，2014），并在中国西北的沙漠地区进行了大规模种植（牛西午，2003）。作为努力减少荒漠化的结果，中国人工林种植面积是世界上最大的，约占世界造林面积的1/3（张露 等，2000）。人工植被的大规模建设会影响土壤微生物的结构和土壤性质。例如，王少昆等（2013）发现，樟子松和小叶杨的种植显著提高了土壤理化性质和微生物活性；因此，与科尔沁沙地的流动沙丘相比，这些人工林记录了更高的土壤微生物丰度、微生物生物量碳和酶活性。类似的，Liu 等（2009）也发现长期种植杉木可以通过改变土壤特性来影响土壤微生物群落，从而影响人工林的养分循环。此外，长期栽培马尾松（25 a）可以改善土壤微生物群落稳定性和微生物功能（赵辉 等，2020）。然而，人工植被对生态环境的影响是广泛的，是一个重要的研究课题。目前，虽然一些研究人员对人工林土壤微生物进行了研究，但很少有研究直接探讨土壤细菌和真菌群落沿着长时间序列的演替。

晋西北农牧交错带是中国北方最为脆弱的农牧交错带之一。由于密集的人类活动和脆弱的自然环境，该区域成为了我国水土流失和土地退化最为严重的地区。此外，该区域具有复杂多样的土地利用类型，包括农业用地（如玉米、马铃薯）、人工林地（即柠条、油松、杨树、旱柳）和草地。因此,各种环境梯度(即,时间序列、空间异质性和土地利用类型),对于研究微生物群落演替及其与关键环境因子之间的关系是理想的场所。本研究探索了在人工柠条林下土壤细菌和真菌群落沿着 50 a 的时间序列(6 a、12 a、18 a、40 a 和 50 a)的演替及其与关键环境因子的关系,研究结果可为干旱和半干旱地区人工柠条林的管理、土壤肥力的维持、培育以及土壤微生物多样性的保护和当地的生态综合治理提供重要的科学依据。

4.1.1　材料和方法

4.1.1.1　研究区概况

研究区位于晋西北丘陵风沙区的忻州市五寨县石咀头村(38°44′—39°17′N,111°28′—113°00′E)。平均海拔高度约为 1400 m。该地区属温带大陆性气候,年降水量 450~500 mm,年蒸发量 1784.4 mm,年平均风速 3 m/s。1 月最冷(−13.3℃),7 月最热(20.1℃)。春季多风天数大于 36 d。研究区土壤为沙黄土,与土壤分类学中认为的典型旱成土相似,土壤质地松散,孔隙度高,渗透性好,通气性强,肥力低,土壤有机质含量低。

该地区的自然植被原本是草为主的草原,但在过去 50 年,由于长时间的过度放牧,自然植被已被大大改变。在退化土地上重建人工植被是该区域最有效的生态恢复方法之一。20 世纪 70 年代以来,区域建立了大量的人工柠条林。此外,种植是在不同时期进行的,使该地区成为了研究土壤和植被的变化的理想场所。我们按栽植年龄将人工植被分为四种类型:自然恢复期(0 a,CK)、早期(6~12 a)、中期(12~40 a)和后期(40~50 a)。柠条人工林形态特征的变化在不同年龄段的情况见表 4.1。

表 4.1　不同龄期柠条形态特征及根系生物量的变化

指标	植被林龄(a)				
	6	12	18	40	50
冠幅(m²)	1.29±0.14^c	2.12±0.16^c	4.55±0.25^c	8.22±0.52^a	6.56±0.22^b
株高(cm)	111.56±15.66^d	131.35±16.85^{cd}	178.47±37.20^{bcd}	216.00±39.64^a	202.50±6.97^{ab}
根系生物量(kg/株)	0.28±0.02^d	0.32±0.01^{cd}	0.34±0.03^{ab}	0.36±0.01^a	0.36±0.01^a

注:同一行内不同字母上标表示不同年龄组间在单因素方差分析中不同处理存在显著差异($P<0.05$)。平均值±标准误。

4.1.1.2　土壤样品的采集

土壤样品取自 2019 年 7—10 月 6 个不同年龄(即 0 a、6 a、12 a、18 a、40 a 和 50 a)的灌木层下两个深度(0~10 cm 和 10~20 cm)。使用人工土钻进行取样。样地位于丘间平地,它们具有相似的立地条件(即土壤基质、植被和气候)。选择自然恢复地作为对照(0 a,CK)。我们使用巢式取样法在每个样地随机选择三个具有相似坡度(4°~8°)和坡向(南)的采样点。采样点的坡位分别位于各林龄样地的坡上、坡中和坡下,至少间隔 200 m。然后,在每个采样点设置三个 20 m×20 m 的样方,间隔至少 25 m。在每个样方设置一个 3 m 宽、20 m 长的样线,沿样线采集 5 个柠条灌木下和灌木间的土壤样品,将同一深度的样品进行混合,最终形成两个样本。每个年龄采集 18 个土样,总共获得 108 个土样。然后将每个样品分成两个子样品:一个储存在−20℃下用于土壤 DNA 提取和酶活性测定,另一个风干土壤用于土壤理化性质分析。

4.1.1.3 土壤理化性质分析

风干的土壤样品用于土壤理化分析。土壤水分、土壤盐分含量、pH 使用德国产 STEPS 土壤五参数分析仪(型号 COMBI 5000)进行测量。土壤养分包括土壤有机碳(SOC)和总氮(TN)的测定(根据席军强等(2015)的测定方法)。

4.1.1.4 土壤 DNA 的提取、PCR 扩增及测序

将在三类土地利用类型所采取的 0~10 cm 深度的 3 个重复土壤样品和 10~20 cm 深度的 3 个重复土壤样品进行混合后称取 0.5 g,用于 DNA 提取。利用土壤试剂盒(Power Soil DNA Isolation Kit 试剂盒),按照试剂盒操作步骤提取样本的 DNA。将提取的基因组 DNA,细菌利用正向引物序列:5′-ACTCCTACGGGAGGCAGCA-3′ 和反向引物 5′-GGACTACH-VGGGTWTCTAAT-3′ 对 16S rDNA V3-V4 区进行扩增;真菌利用正向引物 5′-CTTGGT-CATTTAGAGGAAGTAA-3′ 和反向引物 5′-GCTGCGTTCTTCATCGATGC-3′ 对 ITS-ITS1 区进行扩增。利用引物序列进行 PCR 扩增的反应条件为:95℃ 预变性 5 min;95℃ 变性 1 min;50℃ 退火 1 min;72℃ 延伸 1 min;15 个循环;72℃ 保温 7 min,在 4℃ 下保存。扩增结果进行 2% 琼脂糖凝胶电泳,最后将扩增产物进行 Illumina MiSeq 高通量测序与分析。本研究的测序和生物信息服务均由北京百迈客生物科技有限公司完成。

4.1.1.5 数据分析

微生物群落 OTU 分析:首先运用 QIIME 软件识别疑问序列:软件剔除长度小于 50 bp 的序列以及序列尾部质量值在 20 以下的碱基,再对低复杂度的序列进行过滤,去除预处理后序列中的非扩增区域序列,并利用 UCHIME 8.1 软件检查并去除序列中的嵌合体。再利用 USEARCH 10.0 软件对符合要求的序列在 97% 的相似水平上进行 OUT 聚类,并采用 Silva 和 Unite 数据库分别对细菌和真菌所获得的序列进行比对分析,最后以 97% 的相似性作为阈值划分操作分类单元(OTU)。

微生物群落多样性分析:利用 QIIME 软件对土壤样品中细菌和真菌的 α 多样性值进行计算,包括群落丰富度指数 ACE 和 Chao1,群落多样性指数 Shanon。

统计分析:应用 SPSS 21.0 软件对不同样地同一土层深度的土壤理化性质和土壤酶活性的显著性差异进行单因素方差分析(One-way analysis),显著性水平设为 $P < 0.05$。应用 Canoco 4.5 对土壤理化性质、酶活性和微生物群落之间的关系进行 RDA 分析。应用 Origin 9.0 软件进行各分类学水平优势物种组成及多样性指标的图形绘制。

4.1.2 结果

4.1.2.1 细菌和真菌群落组成的改变

4.1.2.1.1 细菌群落组成

在门水平,植被林龄对细菌群落优势菌门组成没有显著性的影响。细菌群落的优势菌门主要为变形杆菌(Proteobacteria)、酸杆菌门(Acidobacteria)、放线菌门(Actinobacteria)、芽单胞菌门(Gemmatimonadetes)和绿弯菌门(Chloroflexi)。其中变形菌门在每个种植林龄的样本中占据超过 25.12%~40.09% 的相对丰度。拟杆菌门(Bacteroidetes)、己科河菌门(Rokubacteria)、浮霉菌门(Planctomycetes)、硝化螺旋菌门(Nitrospirae)和其他细菌门占据了细菌群落非常低的比例(图 4.1a,b)。

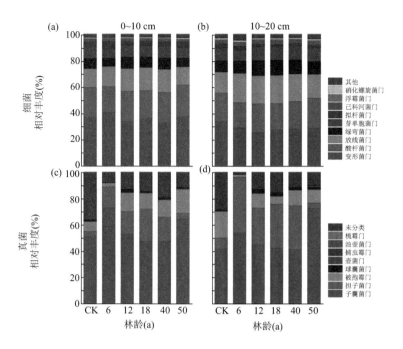

图 4.1　在 0~10 cm 和 10~20 cm 深度,在门水平上不同林龄主导细菌((a),(b))和真菌((c)和(d))的相对丰度

　　在纲水平,植被林龄对土壤细菌群落优势物种组成没有显著的影响($P > 0.05$)。α-变形菌纲(Alphaproteobacteria),γ-变形菌纲(Gammaproteobacteria),Subgroup_6,Blastocatellia_Subgroup_4,芽单胞菌纲(Gemmatimonadetes)和酸微菌纲(Acidimicrobiia)在各个林龄的土壤样品中占据较大的比例(图 4.2a,b)。

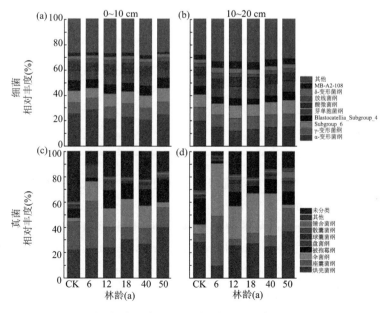

图 4.2　在 0~10 cm 和 10~20 cm 深度,在纲水平上不同林龄主导细菌((a),(b))和真菌((c)和(d))的相对丰度

在 OTUs 水平上,植被林龄对主导 OTUs 的组成没有显著影响($P>0.05$)。主导 OTUs 主要隶属于鞘氨醇单胞菌科(Sphingomonadaceae)、芽单胞菌科(Gemmatimonadaceae)和 uncultured_ bacterium_c_Subgroup_6,其次是梭菌科(Pyrinomonadaceae)、亚硝化单胞菌科(Nitrosomonadaceae)和 uncultured_batetiun_o_IMCC26256(表 4.2)。在 0~10 cm 深度,鞘氨醇单胞菌科的相对丰度最高,其次是 uncultured_c_subgroup_6 和芽单胞菌科。在 10~20 cm 深度,uncultured_bacterium_c_Subgroup_6 的相对丰度最高,其次是芽单胞菌科和鞘氨醇单胞菌科。

表 4.2 不同林龄下的主导细菌 OTUs 及其相对丰度(%)

OTUs	隶属	深度 (cm)	树龄					
			0 a	6 a	12 a	18 a	40 a	50 a
1	鞘氨醇单胞菌目 鞘氨醇单胞菌科	0~10	18.1±1.4	19.5±3.3	13.3±2.0	14.6±1.4	12.8±1.4	16.1±1.3
		10~20	14.0±3.6	7.9±2.1	4.1±0.7	5.4±0.6	6.2±1.0	7.1±0.9
2	Uncultured_bacterium_c _Subgroup_6, 酸杆菌科	0~10	9.0±0.4	7.9±0.4	10.0±0.3	9.3±0.5	9.7±0.3	10.7±0.5
		10~20	10.0±0.2	8.9±0.2	10.3±0.4	9.4±0.7	10.0±0.3	10.9±0.2
3	芽单胞菌目, 芽单胞菌科	0~10	7.8±0.3	6.6±0.8	7.9±0.5	7.5±0.1	7.8±0.3	6.8±0.2
		10~20	8.8±0.4	6.7±1.0	9.5±0.0	8.9±0.1	9.4±0.4	8.8±0.4
4	芽孢杆菌目, 梭菌科	0~10	5.1±0.0	5.3±0.2	5.4±0.6	4.8±0.5	5.4±0.3	5.4±0.2
		10~20	4.5±0.4	4.0±0.1	4.1±0.3	3.2±0.1	3.9±0.2	4.9±0.3
5	亚硝化单胞菌目, 亚硝化单胞菌科	0~10	2.4±0.1	2.6±0.3	3.1±0.3	3.1±0.4	3.1±0.3	2.4±0.2
		10~20	2.9±0.5	3.6±0.2	4.2±0.1	4.3±0.2	4.3±0.1	3.3±0.1
6	放线菌目 Uncultured_batetiun _o _IMCC26256	0~10	2.6±0.2	2.5±0.1	2.8±0.2	2.9±0.3	2.7±0.1	2.1±0.1
		10~20	2.1±0.1	2.9±0.0	2.8±0.2	3.1±0.2	2.8±0.1	2.5±0.2
7	放线菌目 Uncultured_ batetiun _c _MB-A2-108	0~10	2.3±0.4	2.3±0.1	2.7±0.5	2.3±0.2	2.6±0.3	1.5±0.1
		10~20	3.5±0.6	4.7±0.3	5.6±0.3	5.7±0.4	5.2±0.4	4.2±0.4

在属水平上,植被林龄对细菌群落优势属种的组成没有显著影响($P>0.05$)。在 0~10 cm 深度,细菌群落的优势菌属主要为 uncultured_bacterium_c_Subgroup_6、uncultured_ bacterium_f_Gemmatimonadaceae、鞘氨醇单胞菌属和 RB41(图 4.3a)。在 10~20 cm 土壤深度,细菌群落的优势菌属主要为 uncultured_bacterium_c_subgroup_6,uncultured_bacterium_f_ Gemmatimonadaceae,鞘氨醇单胞菌属和 uncultured_bacterium_c_MB-A2-108(图 4.3b)。

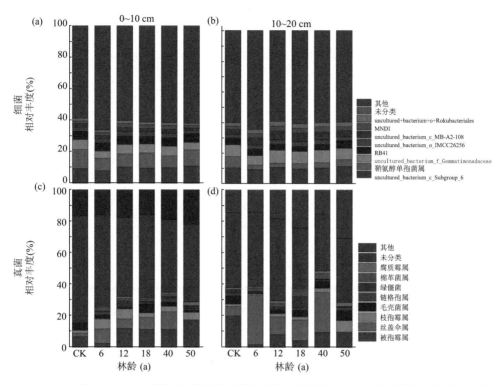

图 4.3　在 0~10 cm 和 10~20 cm 深度,在属水平上不同林龄主导细菌((a),(b))和真菌((c)和(d))的相对丰度

4.1.2.1.2　真菌群落组成

在门水平上,植被林龄对真菌群落优势物种组成具有显著的影响($P < 0.05$)。在自然恢复阶段(0 a)、早期(6~12 a)和后期(40~50 a)恢复阶段,子囊菌门(Ascomycota)和被孢霉门(Mortierellomycota)是优势菌门。在 0~10 cm 和 10~20 cm 深度,它们的相对丰度分别为 47.13%~64.11 % 和 7.62%~18.05%。然而,在中期(12~40 a)恢复阶段,子囊菌门(Ascomycota)和担子菌门(Basidiomycota)是优势菌门,它们的相对丰度分别为 46.96%~72.56% 和 16.08%~24.75%。球囊菌门(Glomeromycota)、壶菌门(Chytridiomycota)、捕虫霉门(Zoopagomycota)、油壶菌门(Olpidiomycota)、梳霉门(Kickxellomycota)和未分类的真菌在门水平物种组成中占据较小的比例(图 4.1c,d)。

在纲水平,植被林龄对真菌群落优势物种组成具有显著影响($P < 0.05$)。在 0~10 cm 和 10~20 cm 深度,座囊菌纲(Dothideomycetes)和粪壳菌纲(Sordariomycetes)是自然恢复阶段(0 a)的主导物种。伞菌纲(Agaricomycetes)和盘菌纲(Pezizomycetes)是早期和中期恢复阶段(6~12 a 和 12~40 a)的优势物种。而在后期恢复阶段(40~50 a),粪壳菌纲(Sordariomycetes)、锤舌菌纲(Leotiomycetes)和被孢霉纲(Mortierellomycetes)成为了优势物种(图 4.2c,d)。

在 OTUs 水平,植被林龄对真菌群落优势 OTUs 的组成具有显著的影响($P < 0.05$)。在 0~10 cm 和 10~20 cm 深度,丛赤壳科(Nectriaceae)、毛壳菌科(Chaetomiaceae)和被孢霉科(Mortierellaceae)是自然恢复阶段(0 a)的优势菌属。Chaetomiaceae,丝盖伞科(Inocybaceae)和 Pleosporales_fam Incertaesedis 是早期恢复阶段(6~12 a)的优势物种。Mortierellaceae,Inocybaceae 和革菌科(Thelephoraceae)是中期恢复阶段(12~40 a)的优势物种,而 Mortierellaceae,Chaetomiaceae,枝孢霉科(Cladosporiaceae)和 Nectriaceae 是后期恢复阶段(40～50 a)的优势物种(表 4.3)。

表 4.3 不同林龄下的主导真菌 OTUs 及其相对丰度(%)

OUTs	隶属	深度(cm)	树龄					
			0 a	6 a	12 a	18 a	40 a	50 a
1	粪壳菌目,毛壳菌科	0～10	11.2±0.6	17.2±7.1	6.6±1.4	10.3±5.6	8.2±2.5	10.8±3.1
		10～20	15.5±2.6	3.6±0.8	7.1±1.5	6.7±2.8	10.9±3.1	17.6±5.9
2	被孢霉目,被孢霉科	0～10	7.2±1.3	2.6±0.7	12.6±3.0	13.1±5.9	11.7±2.7	17.1±1.3
		10～20	16.9±8.9	1.8±0.1	10.9±2.6	5.4±2.0	11.8±3.9	9.7±1.6
3	伞菌目,丝盖伞科	0～10	2.3±1.2	9.4±2.9	6.8±5.3	11.6±6.5	11.1±6.3	0.7±6.3
		10～20	5.2±2.5	37.0±17.9	10.9±10.0	12.9±10.2	24.0±13.0	0.8±0.3
4	丛赤壳目,丛赤壳科	0～10	5.5±2.1	0.7±0.2	5.7±1.4	7.0±1.3	6.6±2.0	8.6±1.8
		10～20	3.0±0.1	1.3±0.3	4.7±1.7	3.1±0.9	4.5±0.9	6.1±1.3
5	格孢菌目,Pleosporales_fam Incertae sedis	0～10	0.2±0.0	23.7±13.6	0.7±0.2	0.3±0.1	0.1±0.0	2.5±1.5
		10～20	0.1±0.0	30.9±17.8	0.1±0.1	0.1±0.0	0.3±0.2	0.2±0.1
6	枝孢霉目,枝孢霉科	0～10	1.9±0.0	4.4±3.7	6.1±4.4	3.0±0.6	3.8±0.9	5.2±1.3
		10～20	1.6±0.2	0.8±0.3	2.2±0.8	2.1±0.3	3.0±0.8	7.8±0.9
7	革菌目,革菌科	0～10	0.1±0.0	2.3±0.6	4.1±2.7	5.4±4.2	3.6±1.6	0.4±0.3
		10～20	0.3±0.1	2.4±0.1	7.2±5.2	5.4±3.1	5.6±2.8	0.4±0.3

在属水平,植被林龄对真菌群落优势物种组成具有显著的影响($P<0.05$)。在 0～10 cm 和 10～20 cm 深度,自然恢复阶段(0 a)的优势菌属为被孢霉属(Mortierella)和毛壳菌属(Chaetomium);早期恢复阶段(6～12 a)的优势菌属是丝盖伞属(Inocybe)。中期恢复阶段(12～40 a)的优势菌属为 Inocybe 和 Mortierella;而后期恢复阶段(40～50 a)的优势菌属为被孢霉属(Mortierella),枝孢菌属(Cladosporium)和 Humicola(图 4.3c,d)。

4.1.2.2 细菌和真菌群落的 alpha 多样性

在 0～10 cm 和 10～20 cm 深度,植被林龄对细菌群落的 alpha 多样性具有显著的影响($P<0.05$)。在 0～10 cm 深度,ACE 和 Chao1 指数在 12 a 显著高于其他组的土壤样品(图 4.4a,b)。然而,Simpson 和 Shannon 指数没有显示出植被林龄显著的影响(图 4.4c,d)。在 10～20 cm 深度,ACE 和 Chao1 指数在 50 a 时显著高与其他组(图 4.4e,f)。此外,6 a 时的 Simpson 和 Shannon 指数高于其他年份(图 4.4g,h)。

植被林龄显著的影响真菌群落的 alpha 多样性($P<0.05$)。在 0～10 cm 深度,ACE,Chao1,Simpson 和 Shannon 指数在 12 a 时显著高于其他年份(图 4.4i,j,k 和 l)。在 10～20 cm 深度,ACE 和 Shannon's 指数在 50 a 时显著高于其他年份(图 4.4m,p)。然而,Chao1 指数在 40 a 时显著高于其他年份(图 4.4n)。Simpson 指数在 12 a 时达到最高值(图 4.4o)。总体来看,植被林龄对真菌群落的影响高于细菌群落。然而,细菌群落的丰富度和多样性要高于真菌群落。

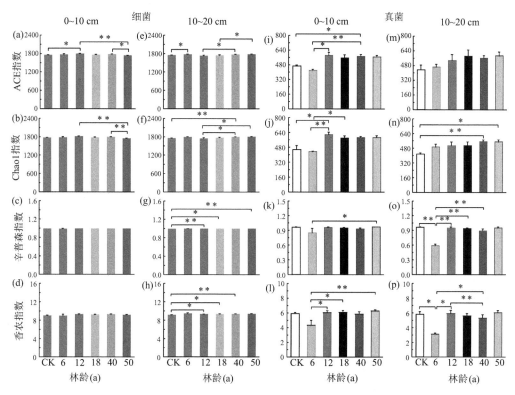

图 4.4　在 0~10 cm 和 10~20 cm 深度,细菌和真菌群落的 ACE、Chao1、Simpson 和 Shannon 指数在不同种植林龄下的变化。* 和 * * 表示植被林龄间的显著性差异分别在 $P < 0.05$ 和 $P < 0.01$ 水平上

4.1.2.3　细菌和真菌群落的 beta 多样性

Beta 多样性分析通常被用来对比不同组间物种的多样性。Binary-Jaccard 算法被用来计算组之间的距离,表示为 β 值。通常 β-多样性值越高,组间物种差异性越大。细菌和真菌群落的 β 多样性受植被林龄的显著影响($P < 0.05$),呈现先增后减的趋势。在 0~10 cm 和 10~20 cm 深度,细菌群落的组间差异大于组内差异(R 分别为 0.202 和 0.273)。组间差异性分别在 12 a 和 40 a 时达到最大值(图 4.5a,b)。在 0~10 cm 和 10~20 cm 深度,真菌群落的组间差异性大于组内差异性(R 分别为 0.505 和 0.585)。真菌群落的组间差异性分别在 18 a 和 12 a 时达到最大值(图 4.5c,d)。

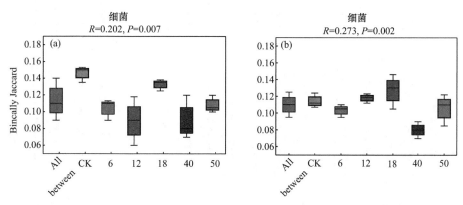

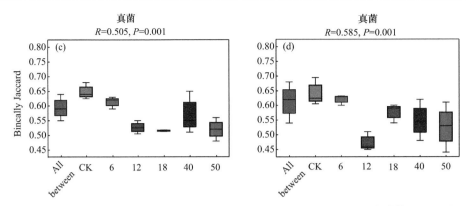

图 4.5 All between 代表所有组间样品 Beta 距离数据。Binary-Jaccard 算法被用来计算组之间的距离,表示为 β 值。通常 β-多样性值越高,组间物种差异性越大。在 0~10 cm 和 10~20 cm 深度,不同林龄细菌((a)和(b))和真菌((c)和(d))群落的 β 多样性($n=6$)。P 值表示不同林龄之间的显著性差异。R 表示组间与组内的差异性;R 值越接近 1,表明组间差异越大于组内差异

4.1.2.4 土壤特性的变化

4.1.2.4.1 土壤理化特性

土壤理化特性,例如土壤水分、总盐含量和 pH 值显著地受植被林龄影响。在 0~10 cm 和 10~20 cm 深度,土壤水分呈现了一个先增后减的趋势,在林龄 12 a 时达到最大值,随后降低(图 4.6a)。土壤盐分含量也呈现出了类似的趋势,在 12 a 时达到最大值,随后降低 (图 4.6b)。在 0~10 cm 深度,土壤 pH 显示了一个增加趋势,在 50 a 达到最大值。在 10~20 cm 深度,土壤 pH 未显示受植被林龄显著的影响(图 4.6c)。

有机碳、全氮和碳氮比也显著地受植被林龄的影响。在 0~10 cm 深度,有机碳的最低值和最高值分别出现在 6 a 和 40 a,而有机碳在 10~20 cm 深度没有受植被林龄的显著影响 (图 4.6d)。在 0~10 cm 深度,全氮含量的最低值和最高值分别出现在 6 a 和 50 a。然而在 10~20 cm 深度,全氮含量的最低值和最高值分别出现在 40 a 和 50 a (图 4.6e)。在 0~10 cm 和 10~20 cm 深度,碳氮比的最低值和最高值分别出现在 6 a 和 50 a(图 4.6f)。

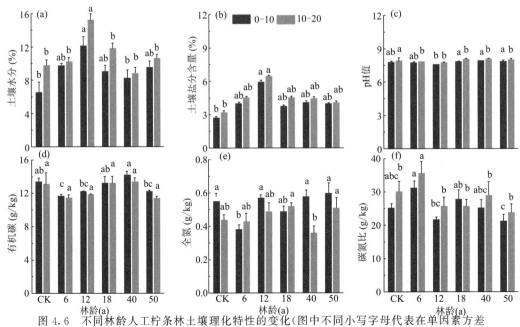

图 4.6 不同林龄人工柠条林土壤理化特性的变化(图中不同小写字母代表在单因素方差分析中不同处理存在显著差异($P < 0.05$))

4.1.2.4.2　土壤生物学特性

土壤 β-葡萄糖苷酶和碱性磷酸酶显著地受植被林龄的影响。在 0～10 cm 深度,β-葡萄糖苷酶活性的最低值和最高值分别出现在对照(CK,0 a)和 12 a。在 10～20 cm 深度,β-葡萄糖苷酶活性的最低值和最高值分别出现在 6 a 和 12 a(图 4.7a)。碱性磷酸酶活性呈现先减后增的趋势,在 18 a 达到最低值,随后增加(图 4.7b)。在 0～10 cm 和 10～20 cm 深度,土壤脲酶活性没有受植被林龄的显著影响(图 4.7c)。总体来看,β-葡萄糖苷酶的活性高于碱性磷酸酶和脲酶活性。

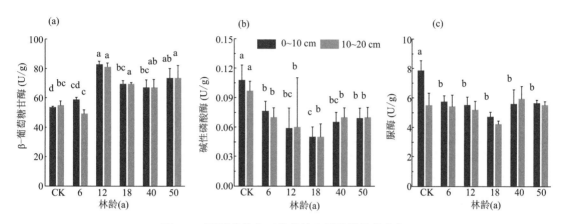

图 4.7　不同林龄人工柠条林土壤酶活性的变化

(图中不同小写字母代表在单因素方差分析中不同处理存在显著差异($P<0.05$))

4.1.2.5　细菌和真菌群落组成与土壤特性之间的关系

不同种植林龄的土壤物理(土壤水分)、化学(有机质、全氮和土壤盐分含量)和生物(碱性磷酸酶、β-葡萄糖苷酶和脲酶)特性被用作主要的环境因子进行 RDA 分析。

对于细菌群落而言,57.9%的累计变量能够被解释通过 RDA 分析。第一轴和第二轴的解释率分别为 64.1% 和 91.5%(图 4.8a)。有机碳、全氮、β-葡萄糖苷酶和土壤盐分含量和细菌群落的优势物种组成紧密相关。

对于真菌群落而言,45.6% 的累积解释变量可通过 RDA 进行解释(图 4.8b)。第一轴和第二轴分别解释了 88.3% 和 96.4% 的累积变化。被孢霉属和毛壳菌属是自然恢复阶段(0 a)的优势菌属。土壤水分和 β-葡萄糖苷酶活性与 *Chaetomium* 丰度呈正相关。脲酶活性和 TN 含量与毛壳菌属的相对丰度呈正相关。TN 和脲酶活性与后期恢复阶段(40～50 a)的真菌群落优势种(被孢霉属、枝孢菌属和 Humicola)呈正相关,而土壤盐分含量、有机碳和碱性磷酸酶与处于早期和中期恢复阶段(6～12 a 和 12～40 a)的真菌群落优势属种(丝盖伞属和被孢霉属)呈正相关。

4.1.3　讨论

本研究揭示了晋西北地区人工柠条林下土壤细菌和真菌群落沿着一个 50 a(6 a,12 a,18 a,40 a 和 50 a)林龄时间序列的演替。相比细菌,在优势物种和多样性方面真菌群落显示了更加显著的改变。真菌群落的改变可能是土壤特性的改变导致的。特别是土壤养分(例如:全氮和有机碳)、酶活性(碱性磷酸酶)和植被林龄与真菌群落演替具有显著的相关关系。

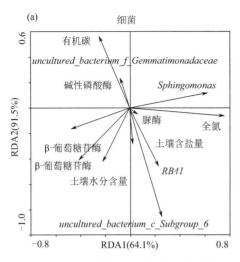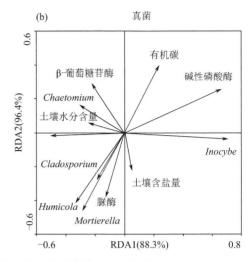

图 4.8　细菌(a)和真菌(b)群落与土壤特性之间的 RDA 分析

4.1.3.1　真菌和细菌群落主导物种的改变

本研究表明,真菌群落优势物种组成受种植林龄的显著影响($P<0.05$)。在自然恢复阶段,优势物种主要是对胁迫具有较高耐受性的微生物(Sordariomycetes 和 Dothideomycetes);在早期和中期恢复阶段,优势种主要是对胁迫具有中等耐受性且能够适应贫瘠到中等土壤肥力的微生物(Agaricomycetes 和 Pezizomycetes)。然而,在后期恢复阶段,优势物种以对胁迫的耐受性较低(Leotiomycetes 和 Mortierellomycetes)的微生物为主。在我们研究区发现的优势物种组成与其他干旱和半干旱地区报道的优势物种一致(Bastida et al.,2014;Maestre et al.,2015;Martirosyan et al.,2016;Rao et al.,2016)。这个结果表明,在干旱和半干旱地区,土壤环境相对单一,导致土壤微生物多样性降低,物种组成也相对简单。我们和之前报道的研究之间微生物的演替阶段显示出相似性,优势物种的组成也相似。在后期恢复阶段,土壤微生物对胁迫的耐受性较低,有益微生物的丰度下降,而病原微生物的丰度增加,从而导致了人工柠条林的退化。

不同植被林龄下的指示真菌属也被确定。本研究区的优势真菌属是 Mortierella、Chaetomium(自然恢复阶段)、Inocybe(早期和中期恢复阶段)、Cladosporium 和 Humicola(后期恢复阶段)。在后期恢复阶段,有益微生物(Inocybe)被病理微生物(Cladosporium 和 Humicola)所取代。土壤微生物的显著变化很可能是由于土壤物理和化学特性的变化导致的。在后期恢复阶段,土壤水分含量降低,盐分增加。在干旱和盐胁迫的影响下,土壤酶活性和土壤养分降低,从而土壤微生物组成也会发生变化。在属水平上,优势真菌属与其他干旱和半干旱地区的真菌属有所不同。这些差异可能是由于植被物种、微生境和地形(即上坡和下坡)等方面的生境异质性导致的。在不同的土地利用方式下,微生物群落对环境因素的反应不同,土壤微生物的数量和组成也会发生相应的变化(Drenovsky et al.,2010)。此外,不同植被林龄优势物种的变化也表明,真菌群落演替发生在很大程度上是通过调整优势物种实现的,即只有在特定阶段能更好适应土壤环境的物种才能存在于该阶段。

对于细菌群落而言,优势物种组成没有受到植被林龄的显著影响($P>0.05$),本研究结果与其他干旱和半干旱地区的研究结果一致(Neilson et al.,2012;Taketani et al.,2015;Yao et al. ,2017)。然而,属水平的细菌群落组成与其他地区报道的有所不同。例如,在中国宁夏北部 *Arthrobacter*, *Bacteroides*, *Faecalibacterium*, *Sphingomonas* 和 *Gaiella* 是主导属(王静等,2021);而在中国黄土高原中部 *Sphingomonas*, *Microbacterium*, *Bradyrhizobium* 和 *Pedomicrobium* 是优势细菌属。这些差异可能是空间异质性的体现,包括气候、土壤、植被、微生境和地形。通常,不同类型的微生物生活在不同的土壤物理和化学环境中。晋西北黄土丘陵区生境复杂,空间异质性强。因此,不同地区的土壤微生物在较大的分类学水平上具有相似性,但在较小的分类水平上存在差异。各分类学水平的细菌群落组成不受植被年龄增加的显著影响,这反映出该研究区土壤细菌群落结构相对稳定。

4.1.3.2　细菌和真菌群落多样性的改变

在 0～10 cm 深度,12 a 的人工林的细菌和真菌群落 α-多样性显著高于其他年份,但在 10～20 cm 深度,α-多样性在 40～50 a 显著高于其他年份,细菌和真菌的丰富度和多样性峰值随着土壤深度的增加出现滞后现象。这与刘爽等(2019)的研究结果相类似。深层的土壤细菌和真菌群落可能利用土壤中的环境资源比浅层土壤更为严格。

细菌和真菌群落的 α 和 β 多样性在不同林龄下的变化表现出了相似的模式。在 0～10 cm 深度,细菌和真菌群落的 β 多样性值在林龄 12～18 a 达到最高值(图 4.5a,b)。在 10～20 cm 深度,细菌和真菌群落的 β 多样性值在后期恢复阶段最高。随着土壤深度的增加,多样性的峰值出现滞后性。本研究的结果与其他干旱和半干旱地区的研究结果相似(Shi et al. ,2014;Tedersoo et al. ,2014;Liu et al. ,2012)。例如,Hunt 等(2003)发现北美土壤微生物的物种丰富度在人工林的早期阶段逐渐增加,但随着森林衰退而降低。在早期的种植阶段,高的生物量和凋落物的形成为土壤养分的积累提供了较好的条件。随着土壤养分的增加和土壤结构的改善,土壤微生物变得更加丰富。随着演替的进行,土壤水分逐渐减少,降水事件不再能够补充深层土壤水分,从而导致土壤含水量下降,微生物数量和多样性减少(闫玉厚 等,2010)。因此,建议人工柠条林在种植 20 a 后应进行平茬。研究表明,柠条的合理平茬时间是 11～15 a(Cheng et al. ,2009)。然而,合理的平茬时间应考虑当地的地形、气候等环境因素(Li et al. ,2014)。

4.1.3.3　细菌和真菌群落与关键环境因子之间的关系

本研究表明,在不同林龄阶段酶活性与细菌和真菌群落优势物种组成有关。对细菌群落而言,β-葡萄糖苷酶、有机碳和总氮含量分别为与细菌群落呈正相关。对真菌群落、β-葡萄糖苷酶、土壤土壤水分、碱性磷酸酶和盐分含量与真菌群落结构呈显著正相关。研究结果表明,大多数细菌更喜欢土壤养分丰富但盐度较低的生境,而真菌倾向于表现出相反的趋势(Wei et al. ,2020)。我们的研究证实了 SOC 和 TN 可能作为微生物基质发挥重要作用。环境因子对土微生物群落的影响是动态的,这些因素不是孤立地起作用的。例如,土壤细菌 β-多样性随着氮输入的增加先增加后降低(Liu et al. ,2021)。除此之外,优势物种、微生物多样性和物种相对丰度的改变可能部分归因于渗透和离子毒性作用,导致增加土壤盐分含量可能影响土壤水分有效性和酶活性(Yan et al. ,2015)。在本研究中,真菌群落多样性和物种组成的变化高于细菌群落,这也表明细菌群落结构相对稳定,真菌群落结构随着林龄增加,可能扮演着越来越重要的作用。

除土壤环境因素外,细菌和真菌群落中的生物相互作用也很重要(Pontarp et al. ,2016;Ning et al. ,2019)。在早期和中期恢复阶段,Inocybe 可参与有机物的分解,促进 C、N、P 的循环,并且还能降解多种对环境有害的物质。在后期恢复阶段,*Mortierella*,*Cladosporium* 和 *Humicola* 取代 *Inocybe* 成为优势真菌属。这些真菌可能影响植物的生长导致柠条林衰退。因为 *Cladosporium* 和 *Humicola* 可引起植物病害,如植物叶斑病、叶霉和茎腐等。许多研究也表明,连作问题主要与作物病害增加和产量下降有关(胡元森 等,2006;Liu et al.,2009)。因此,在后期恢复阶段(40~50 a),人工柠条林的管理应该聚焦于病理微生物的抑制。

本研究表明,真菌与细菌比随着植被林龄的增加而增加(图 4.9)。这与赵官成等(2011)的结果一致。大多数细菌喜欢土壤养分丰富但盐度低的栖息环境,而大多数真菌倾向于表现出相反的趋势。真菌对水分胁迫的耐受性高于细菌(汪顺义 等,2019)。在恶劣的环境条件下,真菌比细菌具有更强的生命力(陈慧 等,2007)。因此,人工柠条林的持续种植会导致土壤肥力的下降,真菌群落变得更加重要。

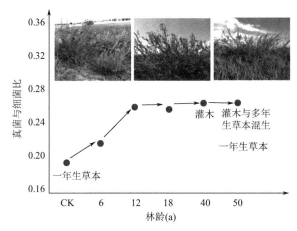

图 4.9　真菌与细菌比随植被林龄的变化

4.1.4　结论

本研究揭示了人工柠条林土壤细菌和真菌群落沿着 50 a 时间序列的演替。这种演替反映在细菌和真菌群落的物种组成,α 和 β 多样性的改变上。酶活性和土壤养分与细菌和真菌群落的物种组成高度相关。在演替的后期阶段(40~50 a),土壤以病理微生物(*Cladosporium* 和 *Humicola*)为主导,其可能对植物生长有潜在的不利影响,导致人工柠条林衰退。这些发现不仅有助于更好地理解土壤细菌和真菌群落多样性和群落组成对植被林龄的响应,而且可为干旱和半干旱地区人工柠条林的管理和生态建设提供科学依据。未来的森林恢复和生态建设策略应侧重于通过人工干预来改变土壤的理化环境或引入对病理微生物具有拮抗作用的有益微生物来抑制病理微生物的生存及其对植物生长的负面影响。

4.2　晋西北丘陵风沙区不同人工林土壤细菌和真菌群落特征分析

土壤微生物是陆地生态系统的重要组成部分,在生物地球化学循环中起着重要作用(崔晓辰,2021;Fu et al.,2008)。人类活动(例如植树造林)和气候变化会直接或间接影响土壤理化性质的变化(杨亚辉 等,2017),进而影响土壤微生物群落的结构和功能(黄健 等,

2019；赵辉 等，2020；孙冰洁 等，2013；葛生珍 等，2013；董莉丽 等，2013），而土壤微生物群落的结构和功能的变化进一步通过调节植物养分有效性来影响植物的生产力（吴东辉 等，2008；赵文智 等，2018）。近几十年来，在全球气候变化和人类活动加剧的背景下，中国土地退化面积呈扩大趋势，为了改善生态环境，人工植被种植成为最为快速有效的手段（赵文智等，2018；何志斌 等，2005）。经过近几十年的大面积人工林营造，我国已成为世界上人工林种植面积最大的国家，其面积约占世界人工林总面积的 1/3（张露 等，2000）。近些年关于人工林种植对土壤理化性质及微生物群落影响的研究得到了极大的关注，并成为研究的热点。

目前，国内外的学者针对不同林龄人工林对土壤微生物群落结构和多样性、土壤理化性质的影响开展了大量的研究。例如，赵辉等（2020）研究不同林龄马尾松人工林对土壤微生物群落结构和代谢功能多样性的研究表明：林龄对土壤微生物群落结构产生显著影响，13 a 和 25 a 林龄分别与 38 a 和 58 a 林龄的土壤微生物群落结构差异较大。马尾松人工林种植 25 a 后，土壤微生物群落结构稳定性和功能代谢活性明显降低，加剧了土壤微生态失衡。余旋等（2015）对黄土丘陵区不同林龄的沙棘人工林对土壤微生物种群结构及土壤养分特性的变化规律表明，磷脂脂肪酸总量、细菌总量在成熟林时达到最大值。真菌总量在中龄林时出现最大值，在进入成熟林后略有下降。Wu 等（2015）研究表明，土壤养分与土壤微生物功能多样性之间密切相关，土壤养分含量的下降将不可避免地降低微生物多样性。可以看出，不同林龄人工林对土壤微生物群落结构具有重要的影响，而有关由于生态建设引起的不同人工林土壤细菌和真菌群落特征分析的研究还相对较少。

晋西北丘陵风沙地区属于黄土高原典型的农牧交错带，区域水土流失、土地退化和风沙活动极为严重。为防风固沙、保持水土和发展牧业，20 世纪 80 年代以来，该区域种植了大面积的人工林，主要灌木种为耐干旱、耐贫瘠的柠条锦鸡儿灌木（梁香寒 等，2019），乔木种主要为毛白杨、小叶杨、旱柳和油松等。经过一系列生态恢复建设工程，晋西北丘陵风沙地区植被覆盖状况、土壤侵蚀和水土流失问题得到明显改善。目前关于晋西北丘陵风沙区人工林的研究主要集中在其对土壤水分（赵广东 等，2004；徐畅 等，2021；郭忠升 等，2010）、养分（常庆瑞等，2008；于文睿南 等，2021；张玉宏 等，2011）及其林下草本植物（舒韦维 等，2021；赵娜 等，2011）的影响等方面。例如，王孟本等（1989）、梁海斌等（2014）对区域不同林龄柠条林下土壤含水量特征进行研究表明，随着柠条种植年限的增加，土壤水分呈波动下降趋势。刘婧等（2021）对 50 a 林龄人工柠条林植被群落及其土壤特性变化进行研究发现，随着人工柠条林种植年限的增加，土壤有机碳、pH、土壤速效氮和速效钾呈现增加趋势，土壤含水量、含盐量和土壤速效磷呈下降趋势。同时随着土壤环境改善，草本植物种类、数量显著增加，优势种也在变化。在人工柠条林对林下草本植物的影响研究中发现，人工柠条林下草本植物种类以 30 a 柠条林最为丰富（崔静 等，2018）。然而，目前关于晋西北丘陵风沙区不同人工林土壤细菌和真菌群落特征分析的研究还相对较少。本研究对晋西北丘陵风沙区主要人工林植物（柠条、毛白杨、小叶杨、旱柳和油松）下的土壤细菌和真菌群落组成、多样性以及微生物与土壤环境因子的关系进行了对比和分析，以期为晋西北农牧交错带土壤肥力的维持、培育以及土壤微生物多样性的保护和当地的生态综合治理提供重要的科学依据。

4.2.1 研究地区与研究方法

4.2.1.1 区域概况

研究区位于山西省忻州市五寨县胡会乡石咀头村(111°28′—113°E 和 38°44′—39°17′ N, 海拔 1200~1400 m)。本地区气候属温带大陆性季风气候,春季风沙天气较多,降水主要集中在 6—9 月。年均风速 2.8 m/s,年降雨量 400 mm 左右,蒸发量 1913.2 mm,年平均气温 4.1~5.5 ℃,地区昼夜温差大。该区土壤类型主要为黄土状淡栗褐土,土质疏松,孔隙度高,肥力低。区域人工种植乔木主要有:小叶杨(*Populus simonii* Carr.)、毛白杨(*Populus tomentosa*.)、旱柳(*Salix matsudana Koidz.*)和油松(*Pinus tabuliformis* Carr.),灌木主要为柠条锦鸡儿(*Caragana korshinskii* Kom.),林下草本植物有白羊草[*Bothriochloa ischaemum* (L.) Keng]、蒿类(*Artemisia* spp.)、沙蓬[*Agriophyllum squurosun* (L.) Moq.]等。具体灌木与主要乔木种的形态特征如表 4.4 所示。

表 4.4　优势植物的形态特征

指标	柠条	毛白杨	小叶杨	旱柳	油松
株高(m)	2.21±0.03[d]	5.67±0.5[c]	7.12±0.25[b]	5.50±0.60[c]	12.33±0.33[a]
冠幅(m)	3.10±0.33[b]	2.43±0.04[b]	3.18±0.54[b]	2.33±0.10[b]	5.17±0.55[a]
径粗(cm)	2.86±0.07[b]	13.78±0.4[a]	16.89±1.93[a]	16±1.07[a]	16.33±0.88[a]

注:不同字母上标代表在单因素方差分析中不同处理存在显著差异($P < 0.05$)。

4.2.1.2 样品采集及预处理

2019 年 7—9 月在山西省忻州市五寨县石咀头村分别对五种不同人工林:柠条、毛白杨、小叶杨、旱柳、油松进行了土壤样本的采样,将自然恢复地作为对照(CK)。使用人工土钻进行土样采集,取样深度为 20 cm,取样间距为 10 cm,每孔共计取样 2 层。为避免坡度和坡向等的不同对土壤的影响,我们均选择在同一坡面、地形因子等立地条件相似的地方进行采样,生境较均质。由于流动沙丘在种植各种人工林以前,土壤性状基本相同,因此,可以认为各种人工林在种植以前土壤基质基本一致。使用巢式取样法在每一种样地随机选择三个样点,每个样点间距大于 200 m。在每个样点内分别设置三个 20 m×20 m 的样方,每个样方间隔至少 25 m。在每个样方内设置 5 个取样点,采用 5 点混合取样法采集土壤样品,即利用对角线法选取 5 个点,首先去除地表植被和覆盖物,再用土钻钻取 0~10 cm 和 10~20 cm 深度的土壤样品,每一个样方内采集土壤样品数为:5 个取样点×2 深度=10 个,然后进行 5 点混合,即将相同深度上的 5 个取样点的土壤样品进行等量均匀混合,最终每个样方内土壤样品数为 2 个,每个样点 3 个样方,每种植物的土壤样品数为 18 个。每个样品取样重量 200~300 g,将所取的新鲜土样分为两份,用无菌自封袋密封,置于冰盒尽快带回实验室,并于−20℃下保存。其中一部分用于土壤酶活性测定和高通量测序;另一部分风干后用于土壤理化性质的测定。

4.2.1.3 土壤理化性质和酶活性测定

土壤各物理、化学、生物特性的指标测定方法如表 4.5 所示。

表 4.5　各土壤指标的测定方法

指标		测定方法
土壤物理性质	水分	STEPS 土壤五参数分析仪(型号 COMBI 5000,德国)
	有机质	重铬酸钾氧化-油浴加热法(席军强 等,2015)
土壤化学性质	全氮	半微量凯氏法
	全磷	氢氧化钠碱熔—钼锑抗比色法
	葡萄糖苷酶	硝基酚比色法(许亚东 等,2018)
	碱性磷酸酶	磷酸苯二钠比色法
	脲酶	苯酚钠—次氯酸钠比色法
土壤微生物		委托北京百迈客生物有限公司进行 Illumina MiSeq 高通量测序

4.2.1.4　样品 DNA 提取和高通量测序

分别将不同人工林下的 0～10 cm 深度的 3 个重复土壤样品和 10～20 cm 深度的 3 个重复土壤样品进行混合后称取 0.5 g,用于 DNA 提取。利用土壤试剂盒(Power Soil DNA Isolation Kit 试剂盒)按照试剂盒操作步骤提取样本的 DNA。将提取的基因组 DNA,细菌利用正向引物 5′-ACTCCTACGGGAGGCAGCA-3′ 和反向引物 5′-GGACTACHVGGGTWTCTA-AT-3' 对 16S rDNA V3-V4 区进行扩增;真菌利用正向引物 5′-CTTGGTCATTTAGAG-GAAGTAA-3′和反向引物 5′-GCTGCGTTCTTCATCGATGC-3′对 ITS-ITS1 区进行扩增。利用引物序列进行 PCR 扩增的反应条件为:95℃预变性 5 min;95℃变性 1 min;50℃退火 1 min;72℃延伸 1 min;15 个循环;72℃保温 7 min,在 4℃下保存。扩增结果进行 2％琼脂糖凝胶电泳,最后将扩增产物进行 Illumina MiSeq 高通量测序与分析。本研究的测序和生物信息服务均由北京百迈客生物科技有限公司完成。

4.2.1.5　数据处理与分析

微生物群落 OTU 分析:首先运用 QIIME 软件识别疑问序列:软件剔除长度小于 50 bp 的序列以及序列尾部质量值在 20 以下的碱基,再对低复杂度的序列进行过滤,去除预处理后序列中的非扩增区域序列,并利用 UCHIME 8.1 软件检查并去除序列中的嵌合体。再利用 USEARCH 10.0 软件对符合要求的序列在 97％的相似水平上进行 OUT 聚类,并采用 Silva 和 Unite 数据库分别对细菌和真菌所获得的序列进行比对分析,最后以 97％的相似性作为阈值划分操作分类单元(OTU)。

微生物群落多样性分析:利用 QIIME 软件对土壤样品中细菌和真菌的 α 多样性值进行计算,包括群落丰富度指数 ACE 和 Chao1,群落多样性指数 Shannon。

统计分析:应用 SPSS 21.0 软件对不同样地同一土层深度的土壤理化性质和土壤酶活性的显著性差异进行单因素方差分析(One-way analysis),显著性水平设为 $P < 0.05$。应用 Canoco 4.5 对土壤理化性质、酶活性和微生物群落之间的关系进行 RDA 分析。应用 Origin 9.0 软件进行各分类学水平优势物种组成及多样性指标的图形绘制。应用 R 4.1.0 软件进行细菌和真菌群落多样性指数与环境因子的相关性分析。

4.2.2　结果

4.2.2.1　土壤微生物群落分布

4.2.2.1.1　门水平土壤优势菌群分布

5 种不同人工林下土壤微生物在门水平上细菌相对丰度大于 1% 的共有 8 个门,分别是变形菌门(Proteobacteria)、酸杆菌门(Acidobacteria)、放线菌门(Actinobacteria)、绿弯菌门(Chloroflexi)、芽单胞菌门(Gemmatimonadetes)、拟杆菌门(Bacteroidetes)、疣微菌门(Verrucomicrobia)和 Rokubcteria。在门水平,5 种不同人工林下土壤细菌群落优势菌群组成无显著性差异,以变形菌门、酸杆菌门、放线菌门和绿弯菌门的微生物为主要类群,四者的相对丰度比例约占 79.9%～83.4%。其中变形菌门所占的相对丰度最大,为 28.2%～36.9%,其次是酸杆菌门、放线菌门和绿弯菌门,分别达到了 17.8%～22.5%、15.0%～21.0%、8.2%～13.9%。但 5 种不同人工林下的细菌群落的相对丰度存在显著差异。变形菌门在 5 种不同人工林下的丰度高低为:毛白杨＞柠条＞旱柳＞油松＞小叶杨,其中毛白杨、柠条地的相对丰度显著高于小叶杨、旱柳和油松地。酸杆菌门在 5 种不同人工林下的丰度高低为:柠条＞小叶杨＞旱柳＞毛白杨＞油松,其中柠条和小叶杨地的相对丰度无显著性差异,但均显著高于油松地。放线菌门表现为:旱柳＞小叶杨＞油松＞柠条＞毛白杨,其中小叶杨、旱柳和油松地的丰度显著高于毛白杨地。绿弯菌门表现为:油松＞小叶杨＞旱柳＞毛白杨＞柠条,其中小叶杨、旱柳和油松地的丰富显著高于柠条地(图 4.10 a)。

5 种人工林土壤微生物在门水平上真菌相对丰度大于 1% 的共有 8 个门,分别是子囊菌门(Ascomycota)、担子菌门(Basidiomycota)、被孢霉门(Mortierellomycota)、球囊菌门(Glomeromycota)、壶菌门(Chytridiomycota)、捕虫菌门(Zoopagomycota)、油壶菌门(Olpidiomycota)和梳霉门(Kickxellomycota)。并以子囊菌门、担子菌门和被孢霉门的微生物为主要类群,三者的相对丰度比例约占 66.0%～99.1%。其中子囊菌门所占的相对丰度最大,为 23.8%～75.7%,其次是担子菌门和被孢菌门,分别达到了 5.9%～70.5%、0.4%～14.5%。5 种不同人工林下的真菌群落的物种组成及其相对丰度存在显著差异。油松土壤中担子菌门的相对丰度最高,其次为子囊菌门。柠条、毛白杨、小叶杨、旱柳四者均以子囊菌门所占的比例最高。被孢霉门在柠条样地也占据较大比例。其中子囊菌门的相对丰度在 5 种不同人工林下表现为:毛白杨＞旱柳＞小叶杨＞柠条＞油松,其中,毛白杨地的丰度显著高于柠条和油松地。担子菌门的相对丰度表现为:油松＞小叶杨＞旱柳＞柠条＞毛白杨,其中油松地的丰度显著高于柠条、毛白杨、小叶杨和旱柳地。被孢霉门的相对丰度表现为:柠条＞旱柳＞油松＞毛白杨＞小叶杨,其中柠条地的相对丰度显著高于毛白杨、小叶杨、旱柳和油松地(图 4.10b)。

4.2.2.1.2　纲水平土壤优势菌群分布

在纲水平,5 种不同人工林下土壤细菌群落优势菌群组成无显著性差异,主要为 α-变形菌纲(Alphaproteobacteria)、γ-变形菌纲(Gammaproteobacteria)、Subgroup_6 和酸微菌纲。但是优势菌群组成的相对丰度在 5 种人工林间存在显著性差异($P < 0.05$)(图 4.10c)。其中 α-变形菌纲的相对丰度在 5 种不同人工林下表现为:毛白杨＞柠条＞油松＞小叶杨＞旱柳,其中毛白杨地显著高于油松和旱柳地。γ-变形菌纲的相对丰度表现为:柠条＞旱柳＞毛白杨＞小叶杨＞油松,其中柠条、旱柳地显著高于油松地。Subgroup_6 的相对丰度表现为:柠条＞小叶杨＞旱柳＞毛白杨＞油松,其中柠条地显著高于其他 4 种人工林地。酸微菌纲的相对丰度表

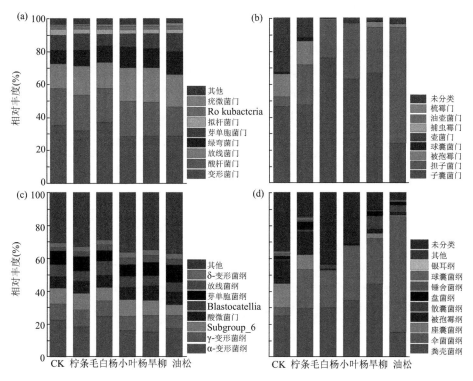

图 4.10　门水平和纲水平优势细菌((a),(c))和真菌((b),(d))的相对丰度

现为:旱柳＞油松＞小叶杨＞毛白杨＞柠条,其中旱柳地显著高于其他 4 种人工林地。

土壤真菌群落优势菌群组成及其相对丰度在 5 种不同人工林下存在显著性差异($P＜0.05$)。柠条林地主要由粪壳菌纲(Sordariomycetes)、伞菌菌纲(Agaricomycetes)、被孢霉纲(Mortierellomycetes)组成;毛白杨、小叶杨地主要由粪壳菌纲、伞菌菌纲组成;旱柳地主要由粪壳菌纲、伞菌菌纲、散囊菌纲组成;油松地主要由伞菌菌纲、粪壳菌纲组成(图 4.10d)。其中,粪壳菌纲的相对丰度表现为:旱柳＞小叶杨＞毛白杨＞柠条＞油松。伞菌菌纲的相对丰度表现为油松＞小叶杨＞旱柳＞柠条＞毛白杨。座囊菌纲的相对丰度表现为柠条＞旱柳＞油松＞毛白杨＞小叶杨。被孢霉纲的相对丰度表现为柠条＞旱柳＞油松＞毛白杨＞小叶杨。

4.2.2.1.3　科水平土壤优势菌群分布

在科水平,5 种不同人工林下的细菌群落优势菌群组成无显著性差异,主要由鞘氨醇单胞菌科、Uncultured_c_Subgroup_6、芽单胞菌科和梭菌科组成,但其优势菌科的相对丰度在 5 种人工林间存在显著性差异($P＜0.05$)(表 4.6)。其中,鞘氨醇单胞菌科的相对丰度在 5 种人工林下表现为:毛白杨＞柠条＞油松＞旱柳＞小叶杨。Uncultured_c_Subgroup_6 的相对丰度表现为:柠条＞小叶杨＞旱柳＞毛白杨＞油松,其中柠条林地显著高于其他 4 种人工林地。芽单胞菌科的相对丰度表现为:油松＞柠条＞旱柳＞小叶杨＞毛白杨,其中油松地显著高于其他4 种人工林地。梭菌科的相对丰度表现为:毛白杨＞小叶杨＞油松＞柠条＞旱柳,其中毛白杨地显著高于其他 4 种人工林地。

真菌群落的优势菌科组成及其相对丰度在 5 种不同人工林下存在显著差异($P＜0.05$)(表 4.6)。柠条林地主要由丝盖伞科、被孢霉科和毛壳菌科组成;毛白杨样地主要由丝盖伞科、丝膜菌科组成;小叶杨样地主要由丝盖伞科、粪壳菌科和革菌科组成;旱柳样地主要由丝盖伞科、丝膜菌科、曲霉科组成；油松样地主要由丝盖伞科和革菌科组成；其中丝盖伞属的相对丰度在 5 种人工林下表现为：油松＞小叶杨＞柠条＞旱柳＞毛白杨，其中油松地显著高于其他 4 种人工林地。丝膜菌科的相对丰度表现为：旱柳＞毛白杨＞小叶杨＞柠条＞油松，其中旱柳地显著高于其他 4 种人工林地。被孢霉科的相对丰度表现为：柠条＞旱柳＞油松＞毛白杨＞小叶杨，其中柠条样地显著高于其他 4 种人工林地。毛壳菌科的相对丰度表现为：柠条＞旱柳＞油松＞毛白杨＞小叶杨，其中柠条林地显著高于其他 4 种人工林地。

表 4.6 不同植物的土壤细菌和真菌群落的优势菌科及其相对丰度

| | OTU | 隶属 | 相对丰度（%） | | | | | |
			CK	柠条	毛白杨	小叶杨	旱柳	油松
细菌	1	鞘氨醇单胞菌目,鞘氨醇单胞菌科	14.3±2.5	9.3±1.2	11.9±2.4	5.7±1.4	6.1±1.1	7.0±1.6
	2	uncultured_c_Subgroup_6	9.5±0.4	10.1±0.3	8.1±0.4	10.0±0.2	9.1±0.2	6.4±0.1
	3	芽单胞菌目,芽单胞菌科	8.3±0.5	8.9±0.4	6.4±0.5	7.1±0.4	7.9±0.8	10.4±1.4
	4	芽孢杆菌,梭菌科	4.8±0.3	4.6±0.3	6.1±0.9	4.8±0.6	4.3±0.5	4.7±0.5
	5	亚硝化单胞菌目,亚硝化单胞菌科	2.6±0.4	3.9±0.2	2.4±0.5	3.4±0.5	3.4±0.5	3.4±0.5
	6	uncultured_o_IMCC26256	2.3±0.2	2.6±0.0	1.8±0.1	2.2±0.1	3.3±0.4	2.1±0.0
	7	uncultured_c_KD4-96	1.6±0.1	2.3±0.1	2.9±0.5	4.1±0.5	2.6±0.2	4.1±0.0
真菌	1	伞菌目,丝盖伞科	3.8±2.1	17.1±9.4	11.6±3.5	19.4±1.8	12.3±3.0	39.8±4.4
	2	伞菌目,丝膜菌科	0.0±0.0	0.1±0.0	7.8±4.8	5.3±2.2	11.9±5.0	0.0±0.0
	3	被孢霉目,被孢霉科	14.9±6.6	14.5±3.1	0.7±0.2	0.4±0.1	2.3±0.6	1.7±0.1
	4	粪壳菌目,毛壳菌科	13.3±2.3	12.1±3.0	0.1±0.0	0.1±0.1	1.0±0.3	0.5±0.1
	5	革菌目,革菌科	0.2±0.1	2.4±1.1	3.0±0.8	6.9±1.3	3.2±0.6	18.1±2.2
	6	粪壳菌目,粪壳菌科	0.0±0.0	0.1±0.0	2.3±1.5	13.5±6.3	4.9±3.1	0.0±0.0
	7	丛赤壳目,丛赤壳科	4.2±1.7	5.8±1.8	0.2±0.1	0.1±0.1	1.0±0.3	1.7±0.2

4.2.2.1.4 属水平土壤优势菌群分布

在属水平，5 种不同人工林下的土壤细菌群落优势菌群组成没有显著性的变化，主要为 Unculturd_c_Subgroup_6、鞘鞍醇单胞菌属、uncultured_bacterium_f_Gemmatimonadaceae 和 RB41。但其各优势菌属组成的相对丰度存在显著性差异（$P < 0.05$）。其中 Unculturd_c_Subgroup_6 的相对丰度在 5 种人工林下表现为：柠条＞小叶杨＞旱柳＞毛白杨＞油松，柠条林地显著高于其他样地（图 4.11 a）。鞘氨醇单胞菌属的相对丰度表现为：毛白杨＞柠条＞小叶杨＞油松＞旱柳，毛白杨样地显著高于其他样地。uncultured_f_Gemmatimonadaceae 的相对丰度表现为：油松＞柠条＞旱柳＞小叶杨＞毛白杨，油松样地显著高于其他样地。RB41 的相对丰度表现为：毛白杨＞CK＞小叶杨＞油松＞柠条＞旱柳。

在真菌群落中，5 种不同人工林下的优势菌属及其相对丰度存在显著性差异（$P < 0.05$）。柠条样地的主要真菌属为丝盖伞属、被孢霉属、枝孢菌属、毛壳菌属；毛白杨、旱柳地的主要为丝盖伞属、丝膜菌属、青霉属；小叶杨地为丝盖伞属、丝膜菌属、棉革菌属；油松地为丝盖伞属、口蘑属、棉革菌属。其中，丝盖伞属在 5 种不同人工林下的相对丰度表现为：油松＞小叶杨＞

柠条＞旱柳＞毛白杨,其中油松地显著高于其他 4 种人工林地。被孢霉属表现为:柠条＞旱柳＞油松＞毛白杨＞小叶杨,其中柠条林地显著高于其他 4 种人工林地。丝膜菌属的相对丰度表现为:旱柳＞毛白杨＞小叶杨＞柠条＞油松。口蘑属的相对丰度表现为:油松＞旱柳＞小叶杨＞柠条＞毛白杨;青霉属的相对丰度表现为:旱柳＞油松＞毛白杨＞柠条＞小叶杨;枝孢菌属的相对丰度表现为:柠条＞柠条＞旱柳＞＞油松＞毛白杨＞小叶杨,柠条样地显著高于其他 4 种人工林地(图 4.11b)。

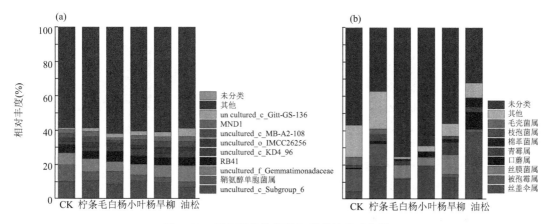

图 4.11　属水平优势细菌和真菌的相对丰度

4.2.2.2　土壤微生物群落 α 多样性

基于序列在 97％的相似水平上进行 OTU 聚类,5 种植物的土壤细菌和真菌群落的 α 多样性如图 4.12 所示。ACE 和 Chao1 指数是用来衡量群落物种丰富度的指数,指数越大,其丰富度越高,而 Shannon 指数值越高,表明群落多样性越高。5 种植物间的土壤微生物群落的 α 多样性存在显著差异($P<0.05$)。由不同植物下土壤细菌和真菌群落的丰富度和多样性图(图 4.13)可知,5 种植物的土壤细菌群落的 ACE 指数和 Chao1 指数从高到低依次为:柠条＞旱柳＞油松＞小叶杨＞毛白杨。其中,柠条林地的 ACE 和 Chao1 指数显著高于旱柳、油松、小叶杨和毛白杨样地($P<0.05$),旱柳、油松、小叶杨和毛白杨样地间的 ACE 和 Chao1 指数无显著性差异(图 4.12a,b)。土壤细菌群落的 Shannon 指数从高到低依次为:柠条＞旱柳＞小叶杨＞油松＞毛白杨。其中 Shannon 指数在柠条林地显著高于旱柳、油松、小叶杨和毛白杨样地(图 4.12c)。

对于真菌群落而言,5 种植物的真菌群落的 ACE 指数从高到低依次为:柠条＞旱柳＞毛白杨＞油松＞小叶杨。其中柠条林地的 ACE 指数显著高于旱柳、毛白杨、油松和小叶杨样地($P<0.05$),旱柳、毛白杨、油松、小叶杨地间的 ACE 指数无显著性差异(图 4.12d)。各样地 Chao1 指数从高到低依次为:柠条＞旱柳＞油松＞毛白杨＞小叶杨,柠条林地的 Chao1 指数显著高于旱柳、油松、毛白杨和小叶杨样地(图 4.12e)。各样地真菌群落的 Shannon 指数从高到低依次为:柠条＞油松＞旱柳＞小叶杨＞毛白杨,柠条林地的 Shannon 指数显著高于油松、旱柳、小叶杨和毛白杨样地($P<0.05$)(图 4.12f)。总体来看,柠条林地的土壤细菌和真菌群落的丰富度和多样性最高,其次为旱柳样地,毛白杨和小叶杨地的土壤细菌群落和真菌群落的丰富度和多样性相对较低。

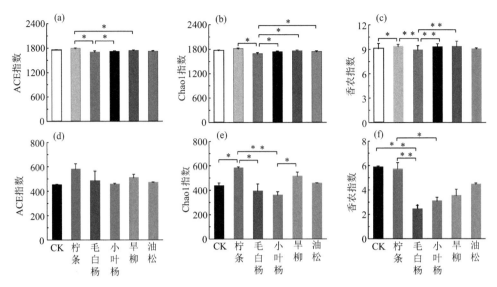

图 4.12 不同植物细菌和真菌群落 ACE（(a),(d)）、Chao1（(b),(e)）和 Shannon（(c),(f)）指数的变化
图中 * 表示同一土层不同样地之间差异显著（* P＜0.05；* * P＜0.01）

4.2.2.3 土壤微生物群落的 beta 多样性

从图 4.13 中可以看出，5 种不同人工林下的细菌和真菌群落的组间差异均大于组内差异（R 分别为 0.246 和 0.809），且差异显著（P＜0.05）。在细菌群落中，柠条与毛白杨的 beta 多样性差异大于与小叶杨、旱柳和油松样地的差异。小叶杨、旱柳和油松三者之间的 beta 多样性差异较小（图 4.13a）。在真菌群落中，柠条林地与毛白杨和小叶杨的 beta 多样性大于与旱柳、油松样地间的差异，旱柳和油松样地间的 beta 多样性差异较小（图 4.13b）。

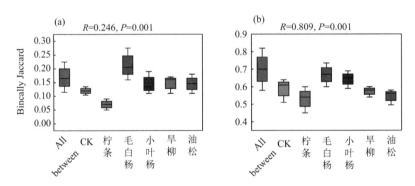

图 4.13 不同植物土壤细菌(a)和真菌(b)群落的 beta 多样性

注：图中 All between 上方箱图代表所有组间样品 beta 距离数据，后面的箱型图分别是不同分组的组内样品间的 beta 距离数据。R 值代表组间与组内差异值，R 越接近 1 表示组间差异越大于组内差异。P 值代表显著性（P＜0.05）

4.2.2.4 土壤理化性质

5 种不同人工林下的土壤理化性质存在显著差异（P＜0.05），随土层深度的增加土壤养分呈降低趋势。土壤含水量在 0～10 cm 表现为：毛白杨＞小叶杨＞CK＞油松＞旱柳＞柠条。在 10～20 cm 表现为：CK＞毛白杨＞油松＞旱柳＞小叶杨＞柠条。其中，柠条林地的土壤含水量显著低于毛白杨地（P＜0.05）（图 4.14a）。土壤全氮含量在 0～10 cm 整体表现为：油松

>小叶杨>柠条>毛白杨>旱柳>CK。其中柠条林地显著低于毛白杨、旱柳和油松地。在 10～20 cm,5 种不同人工林下的土壤全氮含量无显著性差异,但仍表现出:毛白杨>油松>旱柳>CK>小叶杨>柠条的趋势(图 4.14b)。在 0～10 cm 和 10～20 cm,5 种不同人工林下的土壤有机质含量无显著性差异。其中 0～10 cm 表现为:毛白杨>柠条>旱柳>小叶杨>CK>油松。10～20 cm 表现为:油松>小叶杨>柠条>毛白杨>旱柳>CK(图 4.14c)。土壤全磷含量在 0～10 cm 表现为:小叶杨>毛白杨>CK>旱柳>柠条>油松。其中,毛白杨和小叶杨地的全磷含量显著高于柠条林地。在 10～20 cm,5 种不同人工林下的全磷含量无显著性差异,具体表现为:CK>柠条>油松>毛白杨>旱柳>小叶杨(图 4.14d)。整体来看,土壤中的有机质含量明显高于全氮和全磷含量。毛白杨地的土壤养分含量最高,其次为柠条林地,小叶杨样地的土壤养分相对低于其他样地。

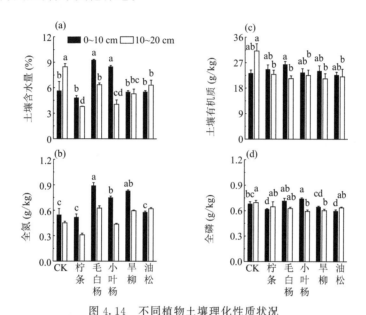

图 4.14   不同植物土壤理化性质状况

(图中不同小写字母代表在单因素方差分析中不同处理存在显著差异(P<0.05))

4.2.2.5　土壤酶活性

5 种不同人工林下的土壤酶活性存在显著差异(P<0.05)。β-葡萄糖苷酶在 0～10 cm 表现为:旱柳>毛白杨>油松>小叶杨>柠条>CK。其中毛白杨和旱柳地的 β-葡萄糖苷酶显著高于柠条林地。在 10～20 cm,5 种不同人工林下的的 β-葡萄糖苷酶活性无显著性差异,表现为:毛白杨>旱柳>油松>柠条>小叶杨>CK(图 4.15a)。脲酶活性在 0～10 cm 表现为:CK>旱柳>柠条>小叶杨>油松>毛白杨。10～20 cm 表现为:油松>小叶杨>柠条>毛白杨>旱柳>CK（图 4.15b)。在 0～10 cm 和 10～20 cm,5 种不同人工林下的碱性磷酸酶含量无显著性差异。在 0～10 cm 表现为:CK>小叶杨>毛白杨>油松>旱柳>柠条。10～20 cm 表现为:CK>小叶杨>旱柳>毛白杨>柠条>油松(图 4.15c)。总体来看,该地区的 β-葡萄糖苷酶活性明显高于脲酶和碱性磷酸酶活性。其中毛白杨地的酶活性最高,其次为旱柳和柠条林地,小叶杨地的酶活性最低。

4.2.2.6　环境因子对土壤微生物的影响

细菌群落多样性指数与环境因子的相关性矩阵表明,土壤细菌群落多样性与土壤环境因子

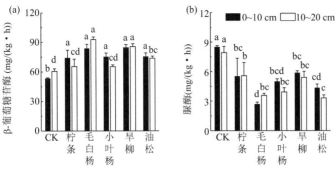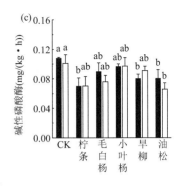

图 4.15　不同植物土壤酶活性状况

（图中不同小写字母代表在单因素方差分析中不同处理存在显著差异（$P<0.05$)）

具有一定相关性。土壤细菌群落的 ACE 指数与 Chao1 指数极显著正相关，与 Shannon 指数显著正相关，与全氮显著负相关。Chao1 指数与土壤水分、全氮分别存在显著与极显著负相关关系（图 4.16a）。由真菌群落多样性指数与环境因子的相关性矩阵显示，土壤真菌 ACE 指数与 Chao1 指数均与全磷和碱性磷酸酶呈显著负相关。Shannon 多样性指数与脲酶活性存在极显著正相关关系（图 4.16b）。整体来看，土壤水分含量和全氮是影响细菌群落丰富度和多样性的关键性环境因子；全磷、碱性磷酸酶和脲酶是影响真菌群落丰富度和多样性的重要环境因子。

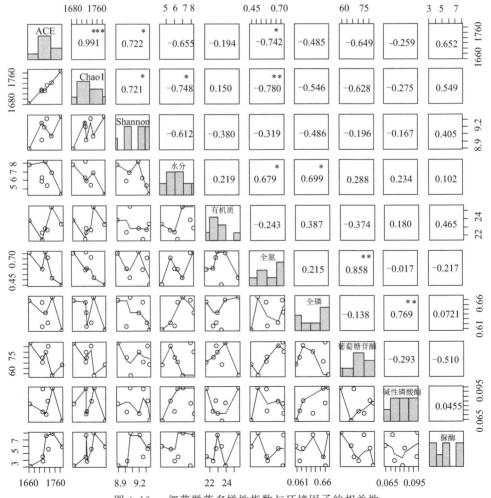

图 4.16a　细菌群落多样性指数与环境因子的相关性

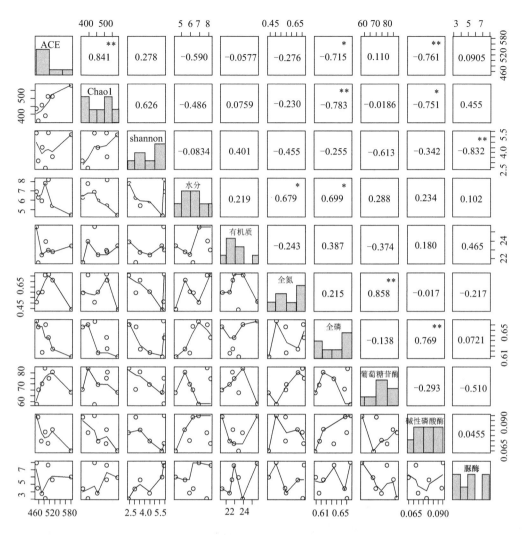

图 4.16b　真菌群落多样性指数与环境因子的相关性

注:Chao1:Chao1 指数;Shannon:Shannon 多样性;＊表示 $P<0.05$,＊＊表示 $P<0.01$。四周数值表示环境因子的
测量值,其中纵坐标每组数值表示所在行环境因子的测量值,横坐标每组数值表示所在列环境因子的
测量值,图中数值表示该数值所在行和列相对应的环境因子间的相关系数

　　为揭示微生物群落组成与土壤环境因子的关系,本研究以属水平上的微生物群落作为响应变量,土壤物理、化学和生物特性作为环境解释变量进行了 RDA 分析。由细菌群落结构与土壤环境因子的 RDA 分析结果可知,细菌群落中第一轴和第二轴的累积解释变量分别为 67.6％和 88.8％。影响细菌菌群的主要环境因子为全磷、有机质、脲酶。5 种人工林下的细菌群落优势菌属 *Unculturd_c_Subgroup_*6、鞘鞍醇单胞菌属、*Uncultured_bacterium_f_Gemmatimonadaceae* 与土壤全磷、有机质、脲酶呈正相关关系(图 4.17a)。

　　土壤真菌群落丰度分布在第一轴和第二轴的累积解释变量分别为 53.9％和 84.5％。影响真菌菌群的主要环境因子为全氮、有机质、β-葡萄糖苷酶、脲酶(图 4.17b)。其中,柠条林地的优势菌属丝盖伞属、被孢霉属、枝孢菌属主要与有机质、脲酶、β-葡萄糖苷酶相关;毛白杨、旱柳地的丝盖伞属、丝膜菌属、青霉属主要与全氮和 β-葡萄糖苷酶相关;小叶杨地的丝盖伞属、丝膜菌属、棉革菌属主要与全氮和β-葡萄糖苷酶相关；油松地的丝盖伞属、口蘑属、棉革菌属主要与β-葡萄糖苷酶相关。

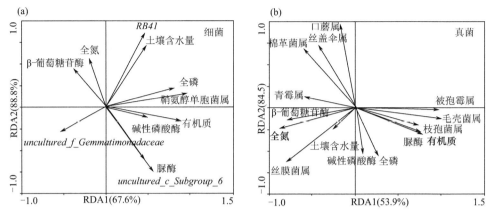

图 4.17　细菌和真菌优势物种组成与土壤环境因子的 RDA 分析

4.2.3　讨论

4.2.3.1　5 种不同人工林对土壤微生物群落组成的影响

本研究发现，5 种不同人工林下（柠条、毛白杨、小叶杨、旱柳和油松）细菌群落的优势菌群组成主要为变形菌门、酸杆菌门、放线菌门和绿弯菌门，但各优势菌群组成的相对丰度在 5 种人工林下存在显著性差异（$P<0.05$）。这与王雅等（2018）对黄土高原区不同植被类型对土壤微生物的影响结果相一致。其中变形菌门在毛白杨地的相对丰度最高。绿弯菌门在油松样地的相对丰度最高。酸杆菌门在柠条样地的相对丰度最高。放线菌门在旱柳样地的相对丰度最高。5 种不同人工林的主要真菌门为子囊菌门、担子菌门和被孢霉门。这与黄艺等（2018）对干旱半干旱区土壤微生物的的研究结果一致。油松土壤中担子菌门的相对丰度最高，其次为子囊菌门。柠条、毛白杨、小叶杨、旱柳四者都是子囊菌门所占的比例最高。被孢霉门在柠条样地也占据较大比例。这主要是因为不同植被类型由于地面植被的不同，回归土壤的枯枝落叶和根系分泌物不同，改变了土壤的理化性质，土壤微生物群落的组成和相对丰度也必然存在某种程度的差别（章家恩 等，2002；吴东辉 等，2008）。

在属水平，5 种不同人工林下的优势细菌属组成没有显著性差异，主要为：*uncultured_c_Subgroup_6*、鞘氨醇单胞菌属、*uncultured_f_Gemmatimonadaceae* 和 *RB*41。优势真菌属主要为丝盖伞属、被孢霉属、丝膜菌属、口蘑属和青霉属，而 5 种人工林的优势菌属组成有所不同。这也说明了不同人工林对真菌群落的影响要大于细菌群落，细菌群落相对稳定。该结果与邓娇娇等（2020）、王涛等（2020）在其他干旱半干旱区的研究结果有所差异。如：邓娇娇等（2020）对辽西北风沙区不同人工林土壤真菌群落组成与功能特征进行了分析，发现该地区的优势真菌属类群为久浩酵母属、被孢霉属及青霉菌属；王涛等（2020）对贺兰山丁香灌木下对土壤微生物进行了研究，发现细菌群落优势菌属为鞘氨醇单胞菌属、*RB*41、溶杆菌属和 *H*16，真菌群落的优势菌属为螺旋聚孢霉属、复膜孢酵母属、镰孢霉属、被孢霉属等。这些差异可能反映了气候、土壤、植被、地形等的生境异质性。在不同的土地利用、植被条件下，微生物群落对环境因素的反应不同，土壤微生物的数量和组成也随之发生变化。

土壤微生物通过调节营养供应、营养元素的代谢，从而促进植物的生长，而一些病理微生物则会导致植物衰退或死亡（宁琪 等，2020）。细菌群落中的鞘氨醇单胞菌属、*uncultured_f_Gemmatimonadaceae* 和真菌群落的丝盖伞属、被孢霉属、毛壳菌属、棉革菌属等微生物均对植物生长具有促进作用。其中，丝膜菌属和口蘑属是重要的外生菌根真菌，它们有利于促进林木生长，提高林木抗逆性，增加造林成活率和林木生产力，对于维持森林生态系统稳定性具有重要意义（李敏 等，2018；王雨 等，2021）。丝盖伞属、被孢霉属和青霉属在土壤 C、N、P 循环中发挥重要的作用（彭炜航 等，2019；张琪 等，2019）。由细菌和真菌群落优势物种显著变化图可知（图 4.18），柠条林地的枝孢菌属丰度最高。枝孢菌属是常见的内生真菌，大多数腐生，有些为植物次生侵染真菌，可引起叶斑、叶霉、果腐、茎腐、纺织品腐败及木材腐朽，使农产品遭受严重损失，少数枝孢菌还可引起人畜疾病（焦瑞莲 等，2019）。有研究也认为，柠条人工固沙林在栽植初期和中期表现出适应性强、耐干旱瘠薄和生长速度快等特性，但是栽植约 30 a 后开始出现生长减缓、林分提早衰弱、病虫害等现象。因此今后晋西北地区应该注意枝孢菌属等病理微生物对柠条植被生长状况的影响。总的来看，油松样地的有益微生物（丝盖伞属、被孢霉属、毛壳菌属和棉革菌属等）的相对丰度含量最高，其次为柠条林地，毛白杨地的有益微生物的丰度最低。

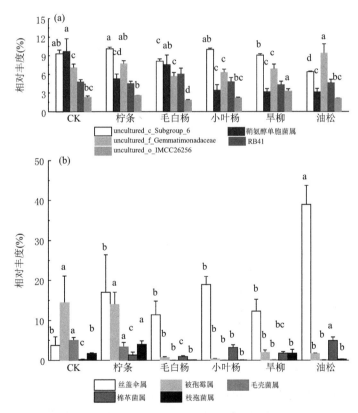

图 4.18　细菌（a）和真菌（b）群落优势物种显著变化图
（图中不同小写字母代表在单因素方差分析中不同处理存在显著差异（$P < 0.05$））

4.2.3.2　5 种不同人工林对土壤微生物群落多样性的影响

已有研究发现，土地利用方式通过植被的多样性和异质性、管理措施的不同来影响土壤理化性质，进而对土壤微生物多样性及其组成结构产生影响（郭彦青，2017；邓娇娇 等，2020）。

本研究发现,柠条林地土壤细菌和真菌群落的 α 多样性最高,其次为旱柳,毛白杨和小叶杨地相对较低。这可能是因为柠条作为豆科灌木,根部大量的根瘤菌,可以固定空气中的游离态氮,增加土壤含氮量,加之柠条枝叶茂盛,枯枝落物多,可以增加土壤有机质和全氮,起到培肥地力的作用(牛西午 等,2003 b),土壤养分含量的增加也会导致土壤微生物的丰富度和多样性也随之增加。毛白杨和小叶杨样地的土壤细菌和真菌群落丰富度和多样性较低,主要是由于其枯枝落叶富含大量的木质素、纤维素等难分解有机物(杨曾奖 等,2007),分解慢,导致土壤养分含量低,进而土壤中的微生物丰富度和多样性也较低。

本研究还发现在细菌群落中,柠条与毛白杨的 β 多样性差异大于与小叶杨、旱柳和油松样地的差异。小叶杨、旱柳和油松三者之间的 β 多样性差异较小。在真菌群落中,柠条林地与毛白杨和小叶杨的 β 多样性大于与旱柳、油松样地间的差异,旱柳和油松样地间的 β 多样性差异较小。这表明柠条林地的物种多样性与其他 4 种人工林间的差异性较大,而相似性较小。这可能是由于随着人工柠条林种植年限的增加,土壤环境改善,草本植物种类、数量显著增加(刘婧 等,2021),加之柠条拥有发达的根系,从而对柠条林下土壤微生物群落的多样性影响也较大。而小叶杨、旱柳和油松等树种其细根不发达,样地的草本植物相对较少,地表枯枝落叶少,对土壤微生物的影响也较小。

4.2.3.3 土壤微生物与土壤环境因子的关系

通常土壤理化性质与根际微生物的群落结构、多样性具有很强的相关性。本研究发现土壤水分含量和全氮是影响晋西北地区土壤细菌群落丰富度和多样性的关键性环境因子;全磷、碱性磷酸酶和脲酶是影响真菌群落丰富度和多样性的重要环境因子。这与戴雅婷等(2017)、刘绍雄等(2013)的研究结果有所差异。戴雅婷等(2017)的研究结果表明,土壤有机质等营养物质含量与土壤细菌群落多样性间均有极显著正相关关系。刘绍雄等(2013)认为,细菌多样性与土壤全氮、全磷及有机质含量正相关,与土壤 pH 呈负相关关系;这可能是由于研究区域及对象的差异所导致的。不同的区域所处的环境不同,导致差异出现,同时这也从另一方面说明了影响微生物群落结构多样性不是简单地由单个因素造成的,而是与多种复杂的环境因子有关。

RDA 分析结果表明,全磷、有机质、脲酶对细菌群落优势物种影响较大,而全氮、有机质、β-葡萄糖苷酶、脲酶对真菌群落优势物种影响较大。可见土壤养分和酶活性是土壤微生物的重要调节因子。5 种不同人工林的真菌群落优势物种组成具有差异性,由于不同类型的微生物所需的营养物质有所不同,因而影响 5 种人工林土壤微生物的环境因子也具有一定的差异性。

4.2.4 结论

晋西北丘陵风沙区不同人工林种植对土壤细菌和真菌群落组成、多样性具有重要的影响。土壤养分和酶活性的变化是土壤微生物组成和多样性变化的重要驱动因子。5 种不同人工林下,总体来看柠条林地的土壤细菌和真菌群落的丰富度、多样性、土壤养分、酶活性和有益微生物的相对丰度均较高;毛白杨地的土壤养分和酶活性较高,但土壤微生物的丰富度和多样性较低。小叶杨地的土壤微生物丰富度、多样性、土壤养分和酶活性均较低。因此,从微生物角度考虑,该地区最适合种植的植物为柠条,其次为旱柳和油松,毛白杨和小叶杨的种植不利于晋西北地区土壤微生物丰富度和多样性的增加。但是柠条在增加土壤微生物丰富度和多样性及土壤肥力的同时,一些病理微生物的丰度也会高于其他 4 种人工林。人工林的长期单一种植也会增加土壤中的病理微生物,今后晋西北地区人工林的管理应该聚焦于病理微生物对植株生长状况的影响,将富含与病理微生物具有拮抗作用的微生物的植物进行混交,降低病理微生物对植物生长的影响。本研究可为晋西北地区土地管理和生态恢复提供科学指导。

参考文献

阿拉木萨,蒋德明,范士香,等,2002.人工小叶锦鸡儿(Caragana microphylla)灌丛土壤水分动态研究[J].应用生态学报(12):1537-1540.

安丽娟,宋志红,土孝安,等,2007.子午岭马栏林区主要森林群落的稳定性分析[J].西北植物学报,27(5):1000-1007.

白日军,杨治平,张强,等,2016.晋西北不同年限小叶锦鸡儿灌丛土壤氮矿化和硝化作用[J].生态学报,36(24):8008-8014.

保长虎,2011.黄土高原丘陵沟壑区柠条人工种群繁殖特征及天然化发育[D].咸阳:西北农林科技大学.

保长虎,张文辉,何景峰,2010.黄土高原丘陵沟壑区30年柠条人工种群动态研究[J].西北植物学报,30(8):1681-1688.

鲍婧婷,王进,苏洁琼,2016.不同林龄柠条(Caragana korshinskii)的光合特性和水分利用特征[J].中国沙漠,36(1):199-205.

鲍士旦,2002.土壤农化分析[M].北京:中国农业出版社:34-58.

常庆瑞,岳庆玲,2008.黄土丘陵区人工林地土壤肥力质量[J].中国水土保持科学,6(2):71-74.

陈春晓,谢秀华,王宇鹏,等,2019.盐分和干旱对沙枣幼苗生理特性的影响[J].生态学报,39(12):4540-4550.

陈昊泓,朱昕,朱光玉,等,2020.林分结构对湖南栎类天然次生林林下植被生物量的影响[J].应用生态学报,31(2):349-356.

陈慧,郝慧荣,熊君,等,2007.地黄连作对根际微生物区系及土壤酶活性的影响[J].应用生态学报,18(12):2755-2759.

程积民,杜峰,万惠娥,2000.半干旱区集流灌草立体配置与水分调控[J].草地学报,8(3):210-219.

程积民,万惠娥,王静,等,2005.半干旱区柠条生长与土壤水分消耗过程研究[J].林业科学,41(2):37-41.

程瑞梅,肖文发,李建文,2005.长江三峡库区草丛群落多样性的研究[J].山地学报(4):4502-4506.

程小琴,韩海荣,魏阿沙,等,2007.山西省庞泉沟自然保护区森林群落主要物种生态位特征[J].北京林业大学学报(Z2):283-287.

从怀军,成毅,安韶山,等,2010.黄土丘陵区不同植被恢复措施对土壤养分和微生物量C、N、P的影响[J].水土保持学报,24(4):217-221.

崔静,陈云明,黄佳健,等,2012.黄土丘陵半干旱区人工柠条林土壤固碳特征及其影响因素[J].中国生态农业学报,20(9):1197-1203.

崔静,黄佳健,陈云明,等,2018.黄土丘陵区人工柠条林下草本植物物种多样性研究[J].西北林学院学报,33(3):14-20.

崔晓辰,2021.根际微生物与土壤植物关系的研究进展[J].现代农业研究,27(5):34-35+49.

戴雅婷,闫志坚,解继红,等,2017.基于高通量测序的两种植被恢复类型根际土壤细菌多样性研究[J].土壤学报,54(3):735-748.

邓继峰,李景浩,宋依璇,等,2017.油松和樟子松人工林不同坡位土壤养分特征及其与生长性状的关系——以辽东地区为例[J].沈阳农业大学学报,48(5):522-529.

邓娇娇,朱文旭,张岩,等,2020.辽西北风沙区不同人工林土壤真菌群落结构及功能特征[J].林业科学研究,

33(1):44-54.

邓伦秀,2010. 杉木人工林林分密度效应及材种结构规律研究[D]. 北京:中国林业科学研究院.

董莉丽,郑粉莉,2009. 黄土丘陵区土地利用类型对土壤微生物特征和碳密度的影响[J]. 陕西师范大学学报
（自然科学版）,37(4):88-94.

杜晓芳,李英滨,刘芳,等,2018. 土壤微食物网结构与生态功能[J]. 应用生态学报,29(2):403-411.

冯丽,张景光,张志山,等,2009. 腾格里沙漠人工固沙植被中油蒿的生长及生物量分配动态[J]. 植物生态学
报,33(6):1132-1139.

冯云,马克明,张育新,等,2011. 坡位对北京东灵山辽东栎林物种多度分布的影响[J]. 生态学杂志,30(10):
2137-2144.

傅家瑞,1984. 种子的活力及其生理生化基础[J]. 种子(3):3-8.

高城雄,2008. 陕北榆林长城沿线风沙区防风固沙林结构与效益研究[D]. 咸阳:西北农林科技大学.

高冉,赵勇钢,刘小芳,等,2020. 黄土丘陵区人工柠条种植年限和坡位对土壤团聚体稳定性的影响[J]. 生态
学报,40(9):2964-2974.

高润梅,石晓东,郭跃东,2012. 山西文峪河上游河岸林群落稳定性评价[J]. 植物生态学报,36(6):491-503.

高玉寒,姚云峰,郭月峰,等,2017. 柠条锦鸡儿细根表面积密度对土壤水分空间分布的响应[J]. 农业工程学
报,33(5):136-142.

葛生珍,罗力,牛静,等,2013. 不同施氮量对土壤理化性质及微生物的影响[J]. 中国农学通报,29(36):
167-171.

古文婷,史建伟,牛俊杰,等,2013. 晋西北黄土丘陵区4种植被类型土壤水分含量的变化特征研究[J]. 西部
林业科学,42(6):69-74.

郭惠清,1997. 内蒙中部地区小老树成因及改造途径的研究[J]. 干旱区资源与环境,1997(4):73-80.

郭晋丽,刘爽,2017. 晋西北风沙区长期不同植被恢复类型下土壤物理特征分析[J]. 山西农业科学,45(11):
1794-1800.

郭其强,张文辉,曹旭平,2009. 基于模糊综合评判的森林群落稳定性评价体系模型构建——以黄龙山主要森
林群落为例[J]. 林业科学,45(10):19-24.

郭伟,2018. 晋北风沙区不同植被恢复模式生态效应研究[D]. 太原:山西大学.

郭彦青,2017. 黄土高原退耕还草区土壤微生物群落研究[D]. 咸阳:西北农林科技大学.

郭郁频,米福贵,闫利军,等,2014. 不同早熟禾品种对干旱胁迫的生理响应及抗旱性评价[J]. 草业学报,
23(4):220-228.

郭忠升,邵明安,2010. 黄土丘陵半干旱区柠条锦鸡儿人工林对土壤水分的影响[J]. 林业科学,46(12):1-7.

韩大勇,张维,努尔买买提·依力亚斯,等,2021. 植物种群更新的补充限制[J]. 植物生态学报,45(1):1-12.

韩锦涛,李素清,赵德怀,等,2016. 晋西北丘陵风沙区人工植物群落优势种种间关系研究[J]. 干旱区资源与
环境,30(12):164-169.

韩蕊莲,侯庆春,1996. 施肥对小老树光合速率及水分利用率的影响[J]. 西北植物学报(6):85-87.

郝文芳,杜峰,陈小燕,等,2012. 黄土丘陵区天然群落的植物组成、植物多样性及其与环境因子的关系[J]. 草
地学报,20(4):609-615.

郝振纯,吕美霞,吕美朝,等,2012. 坡度作用下土壤水分时空异质性研究[J]. 水文,32(2):5-10.

何志斌,赵文智,屈连宝,2005. 黑河中游农田防护林的防护效益分析[J]. 生态学杂志,24(1):79-82.

胡永颜,2020. 不同坡位对一年生厚朴人工林生物量及有效成分含量的影响[J]. 安徽农业科学,48(23):
170-174.

胡元森,刘亚峰,吴坤,等,2006. 黄瓜连作土壤微生物区系变化研究[J]. 土壤通报,37(1):126-129.

黄建辉,白永飞,韩兴国,2001. 物种多样性与生态系统功能:影响机制及有关假说[J]. 生物多样性,9(1):
1-7.

黄健,朱旭炎,陆金,等,2019. 狮子山矿区不同土地利用类型对土壤微生物群落多样性的影响[J]. 环境科学,40(12):5550-5560.

黄艺,黄木柯,柴立伟,等,2018. 干旱半干旱区土壤微生物空间分布格局的成因[J]. 生态环境学报,27(1):191-198.

黄振英,曹敏,刘志民,等,2012. 种子生态学:种子在群落中的作用[J]. 植物生态学报,36(8):705-707.

霍高鹏,赵西宁,高晓东,等,2017. 黄土丘陵区枣农复合系统土壤水分利用与竞争[J]. 自然资源学报,32(12):2043-2054.

焦瑞莲,任毓忠,李国英,等,2019. 新疆棉田一种新棉铃病害病原菌的鉴定[J]. 棉花学报,31(6):474-481.

靳瑰丽,鲁为华,王树林,等,2018. 绢蒿荒漠植物种子大小、形状变异及其生态适应特征[J]. 草业学报,27(4):150-161.

李芳,2016. 黑河市不同郁闭度下草本植物生物量的比较[J]. 林业勘查设计(3):88-89.

李洁,庞蕊,徐兴良,等,2017. 高粱对不同身份邻居的形态学与生理学响应[J]. 应用与环境生物学报,23(5):800-805.

李金峰,杨智勇,薛丽萍,2009. 晋西北缓坡丘陵风沙区生态修复的主要途径和技术措施探讨[J]. 山西水土保持科技(1):8-11.

李进,1992. 人工樟子松—差不嘎蒿植被及其固沙作用[J]. 生态学杂志,11(3):17-21,27.

李磊,贾志清,朱雅娟,等,2010. 我国干旱区植物抗旱机理研究进展[J]. 中国沙漠,30(5):1053-1059.

李敏,姚庆智,魏杰,等,2018. 丝膜菌属真菌研究进展[J]. 食用菌学报,25(3):86-95.

李明,蒋德明,田敏雄,等,2009. 科尔沁沙地人工固沙群落草本植物种群生态位特征[J]. 草业科学,26(8):10-16.

李茜,任运涛,牛得草,等,2015. 几种旱生灌木种子萌发特性及化学成分[J]. 中国沙漠,35(2):345-351.

李青,狄晓艳,2017. 晋北丘陵风沙区不同植被恢复模式的土壤化学特征与生态恢复效应[J]. 水土保持研究,24(5):88-92.

李秋艳,赵文智,2005. 干旱区土壤种子库的研究进展[J]. 地球科学进展,20(3):350-358.

李婷婷,2019. 荒漠草原柠条沙柳灌木林生长特征与土壤水分关系[D]. 银川:宁夏大学:52-58.

李香真,张淑敏,邢雪荣,2002. 小叶锦鸡儿灌丛引起的植物生物量和土壤化学元素含量的空间变异[J]. 草业学报,11(1):24-30.

李小双,彭明春,党承林,2007. 植物自然更新研究进展[J]. 生态学杂志,26(12):2081-2088.

李新荣,张志山,黄磊,等,2013. 我国沙区人工植被系统生态-水文过程和互馈机理研究评述[J]. 科学通报,58(增刊1):397-410.

李雪峰,张玲卫,陈艳锋,等,2017. 伊犁河谷观赏植物繁殖体形态特征及其环境响应.[J] 干旱区研究,34(6):1353-1361.

李媛媛,董世魁,朱磊,等,2013. 青藏高原高寒草甸退化与人工恢复过程中植物群落的繁殖适应对策[J]. 生态学报,33(15):4683-4691.

梁海斌,史建伟,牛俊杰,等,2014. 晋西北黄土丘陵区不同林龄柠条地土壤水分变化特征研究[J]. 干旱区资源与环境,28(6):143-148

梁海斌,史建伟,李宗善,等,2018. 晋西北黄土丘陵区不同林龄柠条林地土壤干燥化效应[J]. 水土保持研究,25(2):87-93.

梁淑娟,潘攀,孙志虎,等,2005. 坡位对水曲柳及胡桃楸生长的影响[J]. 东北林业大学学报,33(3):18-19.

梁香寒,张克斌,乔夏,2019. 半干旱黄土区柠条林土壤水分和养分与群落多样性关系[J]. 生态环境学报,28(9):1748-1756.

林勇,艾训儒,姚兰,等,2017. 木林子自然保护区不同群落类型主要优势种群的生态位研究[J]. 自然资源学报,32(2):223-234.

蔺豆豆,赵桂琴,琚泽亮,等,2021.15 份燕麦材料苗期抗旱性综合评价[J]. 草业学报,30(11):108-121.

刘丙霞,任健,邵明安,等,2020. 黄土高原北部人工灌草植被土壤干燥化过程研究[J]. 生态学报,40(11):3795-3803.

刘从,田甜,李珊,等,2018. 中国木本植物幼苗生长对光照强度的响应[J]. 生态学报,38(2):518-527.

刘方炎,高成杰,李昆,等,2021. 西南干热河谷植物群落稳定性及其评价方法[J]. 应用与环境生物学报,27(2):334-350.

刘晶,杨雪,张博,等,2021. 长期施肥对黄土高原典型草原群落稳定性的影响及机制研究[J]. 西北植物学报,41(2):310-316.

刘婧,缑倩倩,王国华,等,2022. 晋西北丘陵风沙区 50 年林龄人工柠条林植被群落及其土壤特性变化[J]. 水土保持学报,36(1):219-230.

刘任涛,杨新国,宋乃平,等,2012. 荒漠草原区固沙人工柠条林生长过程中土壤性质演变规律[J]. 水土保持学报,26(4):108-112.

刘绍雄,王明月,王娟,等,2013. 基于 PCR-DGGE 技术的剑湖湿地湖滨带土壤微生物群落结构多样性分析[J]. 农业环境科学学报,32(7):1405-1412.

刘爽,王雅,刘兵兵,等,2019. 晋西北不同土地管理方式对土壤碳氮、酶活性及微生物的影响[J]. 生态学报,39(12):4376-4389.

刘巍,曹伟,2011. 长白山云冷杉群落主要种群生态位特征[J]. 生态学杂志,30(8):1766-1774.

刘燕萍,马驰,莫保儒,等,2020. 柠条人工林下草本植被特征与土壤特性相关性研究[J]. 草地学报,28(2):468-473.

刘志民,2010. 科尔沁沙地植物繁殖对策[M]. 北京:气象出版社:60-61.

刘志民,蒋德明,高红瑛,等,2003. 植物生活史繁殖对策与干扰关系的研究[J]. 应用生态学报,14(3):418-422.

柳媛普,张强,赵建华,等,2015. 气温升高对黄土高原半干旱区陆面特征影响的数值模拟[J]. 干旱区研究,32(6):1097-1102.

马骥,李新荣,张景光,等,2005. 我国种子微形态结构研究进展[J]. 浙江师范大学学报(自然科学版),28(2):121-127.

马艳平,周清,2007. 中国土地沙漠化及治理方法现状[J]. 江苏环境科技,20(z2):89-92.

马义娟,苏志珠,2002. 晋西北地区环境特征与土地荒漠化类型研究[J]. 水土保持研究(3):124-126.

马永欢,周立华,樊胜岳,等,2006. 中国土地沙漠化的逆转与生态治理政策的战略转变[J]. 中国软科学(6):53-59.

马占英,2020. 平茬对黄土高原人工柠条林土壤碳输入的影响[D]. 咸阳:西北农林科技大学.

马子清,2000. 山西植被[M]. 北京:中国科学技术出版社:11-38.

孟雅冰,李新蓉,2015. 两种集合繁殖体形态及间歇性萌发特性——以藜藜和欧夏至草为例[J]. 生态学报,35(23):7785-7793.

莫保儒,蔡国军,杨磊,等,2013. 半干旱黄土区成熟柠条林地土壤水分利用及平衡特征[J]. 生态学报,33(13):4011-4020.

穆兴民,徐学选,王文龙,等,2003. 黄土高原人工林对区域深层土壤水环境的影响[J]. 土壤学报,40(2):210-217.

聂莹莹,徐丽君,辛晓平,等,2020. 围栏封育对温性草甸草原植物群落构成及生态位特征的影响[J]. 草业学报,29(11):11-22.

宁琪,陈林,李芳,等,2020. 被孢霉对土壤养分有效性和秸秆降解的影响[J]. 土壤学报,59(1):206-217.

牛存洋,阿拉木萨,等,2013. 科尔沁沙地小叶锦鸡儿地上-地下生物量分配格局[J]. 生态学杂志,32(8):

1980-1986.

牛西午,2003. 柠条研究[M]. 北京:科学出版社:16-46.

牛西午,丁玉川,张强,等,2003a. 柠条根系发育特征及有关生理特性研究[J]. 西北植物学报(5):860-865.

牛西午,张强,杨治平,等,2003b. 柠条人工林对晋西北土壤理化性质变化的影响研究[J]. 西北植物学报,23(4):628-632.

潘军,2015. 荒漠草原2种锦鸡儿灌丛化过程中土壤养分分布规律[J]. 水土保持报,29(6):131-136.

裴保华,周宝顺,1993. 三种灌木耐旱性研究[J]. 林业科学研究(6):597-602.

彭闪江,黄忠良,彭少麟,等,2004. 植物天然更新过程中种子和幼苗死亡的影响因素[J]. 广西植物,24(2):113-121,124.

彭炜航,于文杰,李岩,等,2019. 松林丝盖伞——一个中国新记录伞菌[J]. 吉林林业科技,48(6):21-24.

任迎虹,尹福强,刘松青,等,2016. 不同桑品种在干旱胁迫下叶绿素、水分饱和亏及丙二醛的变化规律研究[J]. 西南农业学报,29(11):2583-2587.

邵明安,贾小旭,王云强,等,2016. 黄土高原土壤干层研究进展与展望[J]. 地球科学进展,31(1):14-22.

史建伟,王孟本,陈建文,等,2011. 柠条细根的空间分布特征及其季节动态[J]. 生态学报,31(3):726-733.

舒韦维,卢立华,李华,等,2021. 林分密度对杉木人工林林下植被和土壤性质的影响[J]. 生态学报,41(11):4521-4530.

苏永中,赵哈林,张铜会,等,2004. 科尔沁沙地不同年代小叶锦鸡儿人工林植物群落特征及其土壤特性[J]. 植物生态学报,28(1):93-100.

苏志珠,刘蓉,梁爱民,等,2018. 晋西北沙化土地土壤机械组成与有机质的初步研究[J]. 水土保持研究,25(6):61-67.

苏智先,钟章成,杨万勤,等,1996. 四川大头茶种群生殖生态学研究——Ⅰ.生殖年龄、生殖年龄结构及其影响因素研究[J]. 生态学报(5):517-524.

孙冰洁,张晓平,贾淑霞,2013. 农田土壤理化性质对土壤微生物群落的影响[J]. 土壤与作物,2(3):138-144..

孙黎黎,张文辉,何景峰,等,2010. 黄土高原丘陵沟壑区不同生境条件下柠条人工种群无性繁殖与更新研究[J]. 西北林学院学报,25(1):1-6.

孙巧玉,刘勇,李国雷,等,2012. 坡位对油松人工林地上生物量分配格局的影响[J]. 中南林业科技大学学报,32(9):102-105.

孙士国,卢斌,卢新民,等,2018. 入侵植物的繁殖策略以及对本土植物繁殖的影响[J]. 生物多样性,26(5):457-467.

孙雪,隋心,韩冬雪,等,2017. 原始红松林退化演替后土壤微生物功能多样性的变化[J]. 环境科学研究,30(6):911-919.

孙毅,2016. 宁夏白芨滩自然保护区柠条种群实生更新研究[D]. 银川:北方民族大学.

覃林,2009. 统计生态学[M]. 北京:中国林业出版社:85.

汤章城,1983. 植物干旱生态生理的研究[J]. 生态学报(3):14-22.

全倩,施明,贺建勋,等,2018.5种葡萄砧木耐旱性评价及鉴定指标的筛选[J]. 核农学报,32(9):1814-1820.

汪顺义,冯浩杰,王克英,等,2019. 盐碱地土壤微生物生态特性研究进展[J]. 土壤通报,50(1):233-239.

汪洋,杜国祯,郭淑青,等,2009. 风毛菊花序、种子大小和数量之间的权衡:资源条件的影响[J]. 植物生态学报,33(4):681-688.

王东丽,张小彦,焦菊英,等,2013. 黄土丘陵沟壑区80种植物繁殖体形态特征及其物种分布[J]. 生态学报,33(22):7230-7242.

王改玲,王青杵,2014. 晋北黄土丘陵区不同人工植被对土壤质量的影响[J]. 生态学杂志,33(6):1487-1491.

王国华,任亦君,綦倩倩,2020. 河西走廊荒漠绿洲过渡带封育对土壤和植被的影响[J]. 中国沙漠,40(2):

222-231.

王国华,宋冰,席璐璐,等,2021.晋西北丘陵风沙区不同林龄人工柠条生长与繁殖动态特征[J].应用生态学报,32(6):2079-2088.

王国梁,刘国彬,刘芳,等,2003.黄土沟壑区植被恢复过程中植物群落组成及结构变化[J].生态学报,23(12):2550-2557.

王晗生,2012.干旱影响下人工林的天然更新进程[J].干旱区研究,29(5):743-750.

王辉,谢永生,程积民,等,2012.基于生态位理论的典型草原铁杆蒿种群化感作用[J].应用生态学报,23(3):673-678.

王继丰,韩大勇,王建波,等,2017.三江平原湿地小叶章群落沿土壤水分梯度物种组成及多样性变化[J].生态学报,37(10):3515-3524.

王静,程昱润,肖国举,等,2021.宁夏银北不同草田轮作模式对细菌群落组成特征的影响[J].农业机械学报,52(7):283-292.

王桔红,崔现亮,陈学林,等,2007.中、旱生植物萌发特性及其与种子大小关系的比较[J].植物生态学报(6):1037-1045.

王玲,刘庚,冯向星,等,2018.晋西北不同植被类型土壤水分亏缺特征[J].中山大学学报(自然科学版),57(1):102-109.

王孟本,李洪建,1989.人工柠条林地土壤水分生态环境特征研究[J].中国水土保持(5):24-27.

王孟本,苟俊杰,陈建文,等,2010.晋西北黄土区幼龄柠条细根的净生长速率[J].生态学报,30(5):1117-1124.

王少昆,赵学勇,张铜会,等,2013.造林对沙地土壤微生物的数量、生物量碳及酶活性的影响[J].中国沙漠,33(2)529-535.

王世雷,贺康宁,刘可暄,2013.青海高寒区不同人工林下植被的多样性及生态位研究[J].西北农林科技大学学报(自然科学版),41(11):67-72.

王世雄,王孝安,李国庆,等,2010.陕西子午岭植物群落演替过程中种多样性变化与环境解释[J].生态学报,30(6):1638-1647.

王涛,郭洋,苏建宇,等,2020.贺兰山丁香对土壤理化性质、酶活性和微生物多样性的影响[J].北京林业大学学报,42(4):91-101.

王伟伟,杨海龙,贺康宁,等,2012.青海高寒区不同人工林配置下草本群落生态位研究[J].水土保持研究,19(3):156-160,165.

王新平,李新荣,康尔泗,等,2002.沙坡头地区固沙植物油蒿、柠条蒸散状况的研究[J].中国沙漠(4):56-60.

王新友,2020.石羊河流域人工固沙植被的固碳过程、速率和效益研究[D].兰州:兰州大学.

王雅,刘爽,郭晋丽,等,2018.黄土高原不同植被类型对土壤养分,酶活性及微生物的影响[J].水土保持通报,38(1):62-68.

王燕,宫渊波,尹艳杰,等,2013.不同林龄马尾松人工林土壤水土保持功能[J].水土保持学报,27(5):23-27,31.

王瑶,钱金平,董建新,2018.红松洼自然保护区草地群落物种多样性和土壤肥力与地上生物量的相关性研究[J].生态科学,37(6):30-37.

王宇超,李为民,张燕,等,2015.秦岭大熊猫栖息地主要森林群落类型稳定性分析[J].西北植物学报,35(12):2542-2551.

王雨,郭米山,高广磊,等,2021.三种外生菌根真菌对沙地樟子松幼苗生长的影响[J].干旱区资源与环境,35(10):135-140.

韦建宏,侯敏,韦添露,等,2017.不同坡位桉树人工林生长和土壤理化性质比较[J].安徽农业科学,45(5):167-169.

温仲明,焦峰,刘宝元,等,2005.黄土高原森林草原区退耕地植被自然恢复与土壤养分变化[J].应用生态学报(11):21-25.

吴东辉,尹文英,卜照义,2008.松嫩草原中度退化草地不同植被恢复方式下土壤线虫的群落特征[J].生态学报,28(1):1-12.

吴昊,2015.秦岭山地松栎混交林土壤养分空间变异及其与地形因子的关系[J].自然资源学报,30(5):858-869.

武高林,杜国祯,尚占环,2006.种子大小及其命运对植被更新贡献研究进展[J].应用生态学报,17(10):1969-1972.

席军强,杨自辉,郭树江,等,2015.人工梭梭林对沙地土壤理化性质和微生物的影响[J].草业学报(5):44-52.

夏江宝,杨吉华,李红云,2004.不同外界条件下土壤入渗性能的研究[J].水土保持研究,11(2):115-117.

徐畅,雷泽勇,周凤艳,等,2021.沙地樟子松人工林生长对非降雨季节土壤水分的影响[J].生态学杂志,40(1):58-66.

徐当会,方向文,宾振钧,等,2012.柠条适应极端干旱的生理生态机制——叶片脱落和枝条中叶绿体保持完整性[J].中国沙漠(3):691-697.

许亚东,王涛,李慧,等,2018.黄土丘陵区人工柠条林土壤酶活性与养分变化特征[J].草地学报,26(2):363-370.

薛海霞,李清河,徐军,等,2016.沙埋对唐古特白刺幼苗生长和生物量分配的影响[J].草业科学,33(10):2062-2070.

薛占金,2013.晋西北地区土地沙漠化的成因及其防治研究[D].太原:山西大学.

闫巧玲,刘志民,骆永明,等,2004.科尔沁沙地78种植物繁殖体重量和形状比较[J].生态学报,24(11):2422-2429.

闫巧玲,刘志民,李荣平,等,2005.科尔沁沙地75种植物结种量种子形态和植物生活型关系研究[J].草业学报,14(4):21-28.

闫兴富,刘建利,贝盏临,等,2015.不同光强条件下柠条锦鸡儿的种子萌发和幼苗生长特征[J].生态学杂志,34(4):912-918.

闫玉厚,曹炜,2010.黄土丘陵区土壤养分对不同植被恢复方式的响应[J].水土保持研究,17(5):51-53,58.

严俊霞,冯璇,薛占金,等,2013.山西省城市化与生态环境综合水平协调度分析[J].山西大学学报(自然科学版),36(2):313-318.

杨曾奖,曾杰,徐大平,等,2007.森林枯枝落叶分解及其影响因素[J].生态环境,16(2):649-654.

杨慧玲,梁振雷,朱选伟,等,2012.沙埋和种子大小对柠条锦鸡儿种子萌发、出苗和幼苗生长的影响[J].生态学报,32(24):7757-7763.

杨明秀,宋乃平,杨新国,2013.人工柠条林枝、叶构件生物量的分配格局与估测模型[J].江苏农业科学,41(12):331-333.

杨体强,朱海英,华宏旭,等,2013.电场对柠条(Caragana korshinskii)种子萌发和幼苗抗旱性的影响[J].中国沙漠,33(6):1717-1722.

杨文治,田均良,2004.黄土高原土壤干燥化问题探源[J].土壤学报(1):1-6.

杨亚辉,吕渡,张晓萍,等,2017.不同人工造林树种及其配置方式对土壤理化性质影响分析[J].水土保持研究,24(6):238-242,249.

杨阳,刘秉儒,宋乃平,等,2014.人工柠条灌丛密度对荒漠草原土壤养分空间分布影响[J].草业学报,23(5):107-115.

杨治平,张强,王永亮,等,2010.晋西北黄土丘陵区小叶锦鸡儿人工灌丛土壤水分动态研究[J].中国生态农业学报,18(2):352-355.

姚华,赵晓英,李晓梅,等,2009. 四种灌木幼苗对水分胁迫的生理响应[J]. 生态科学,28(6):537-542.

于露,周玉蓉,赵亚楠,等,2020. 荒漠草原土壤种子库对灌丛引入和降水梯度的响应特征[J]. 草业学报,29(4):41-50.

于露,郭天斗,孙忠超,等,2021. 荒漠草原向灌丛地转变过程中两种优势植物种子萌发及阈值特征[J]. 生态学报,41(10):4160-4169.

于顺利,陈宏伟,郎南军,2007a. 土壤种子库的分类系统和种子在土壤中的持久性[J]. 生态学报,27(5):2099-2108.

于顺利,陈宏伟,李晖,2007b. 种子重量的生态学研究进展[J]. 植物生态学报,31(6):989-997.

于文睿南,潘畅,郭佳欢,等,2021. 杉木人工林表土有机质含量及其对土壤养分的影响[J]. 中国生态农业学报(中英文),29(11):1931-1939.

余旋,刘旭,刘金良,等,2015. 黄土高原丘陵区沙棘人工林土壤微生物群落演变特征研究[J]. 西北林学院学报,30(5):1-6.

袁会珍,2018. 基于繁殖性状的西双版纳热带林植物群组的空间分布及环境差异研究[D]. 昆明:云南大学.

云建英,杨甲定,赵哈林,2006. 干旱和高温对植物光合作用的影响机制研究进展[J]. 西北植物学报(3):641-648.

曾彦军,王彦荣,萨仁,等,2002. 几种旱生灌木种子萌发对干旱胁迫的响应[J]. 应用生态学报(8):953-956.

张安宁,2021. 柠条锦鸡儿枯落物分解对土壤动物群落分布的影响[D]. 银川:宁夏大学.

张帆,陈建文,王孟本,2012. 幼龄柠条细根的空间分布和季节动态[J]. 生态学报,32(17):5484-5493.

张红娟,张朝阳,强磊,2014. 柠条锦鸡儿根瘤菌及其共生固氮基因多样性[J]. 西北农业学报,23(10):194-199.

张继义,赵哈林,张铜会,等,2003. 科尔沁沙地植物群落恢复演替系列种群生态位动态特征[J]. 生态学报,23(12):2741-2746.

张金屯,2004. 数量生态学[M]. 北京:科学出版社.

张晶晶,王蕾,许冬梅,2011. 荒漠草原自然恢复中植物群落组成及物种多样性[J]. 草业科学,28(6):1091-1094.

张景光,王新平,2002a. 甘宁蒙陕退耕还林(草)中的适地适树问题[J]. 中国沙漠,22(5):489-494.

张景光,周海燕,王新平,等,2002b. 沙坡头地区一年生植物的生理生态特性研究[J]. 中国沙漠,22(4):43-46.

张景光,王新平,李新荣,等,2005. 荒漠植物生活史对策研究进展与展望[J]. 中国沙漠,25(3):306-314.

张军红,吴波,2012. 干旱、半干旱地区土壤水分研究进展[J]. 中国水土保持(2):40-43.

张立敏,陈斌,李正跃,2010. 应用中性理论分析局域群落中的物种多样性及稳定性[J]. 生态学报,30(6):1556-1563.

张露,高璜,2000. 人工林地力衰退研究现状与进展[J]. 江西林业科技(6):28-33.

张敏,牛俊杰,梁海斌,等,2014. 晋西北黄土高原沟壑区不同乔木类型土壤水分变化[J]. 生态学杂志,33(9):2478-2482.

张明生,谈锋,2001. 水分胁迫下甘薯叶绿素 a/b 比值的变化及其与抗旱性的关系[J]. 种子(4):23-25.

张琪,王嘉琦,吕梦霞,等,2019. 青霉属真菌次级代谢产物的结构类型及其药用活性的研究进展[J]. 工业微生物,49(2):56-65.

张世挺,杜国祯,陈家宽,2003. 种子大小变异的进化生态学研究现状与展望[J]. 生态学报,23(2):353-364.

张顺平,乔杰,孙向阳,等,2015. 坡向、坡位对泡桐人工土壤养分空间分布的影响[J]. 中南林业科技大学学报,35(1):109-116.

张小彦,焦菊英,王宁,等,2009. 种子形态特征对植被恢复演替的影响[J]. 种子,28(7):67-72.

张瑜,郑士光,贾黎明,等,2013. 晋西北低效柠条林老龄复壮技术及能源化利用[J]. 水土保持研究,20(2):

160-164.

张玉宏,张景群,王超,2011. 黄土高原毛白杨、刺槐人工林对土壤养分的影响[J]. 西北林学院学报,26(5): 12-17.

张志良,瞿伟菁,2009. 植物生理学实验指导[M]. 北京:高等教育出版社:51-106.

章家恩,刘文高,胡刚,2002. 不同土地利用方式下土壤微生物数量与土壤肥力的关系[J]. 土壤与环境, 11(2):140-143.

赵高卷,徐兴良,马焕成,等,2016. 红河干热河谷木棉种群的天然更新[J]. 生态学报,36(5):1342-1351.

赵官成,梁健,淡静雅,等,2011. 土壤微生物与植物关系研究进展[J]. 西南林业大学学报,31(1):83-88.

赵广东,刘世荣,贾瑞,等,2004. 沙棘对辽宁西部杨树人工林土壤水分动态变化的影响研究[J]. 水土保持学报,18(5):112-114.

赵哈林,赵学勇,张铜会,等,2004. 沙漠化过程中植物的适应对策及植被稳定性机理[M]. 北京:海洋出版社: 284-287.

赵辉,周运超,任启飞,2020. 不同林龄马尾松人工林土壤微生物群落结构和功能多样性演变[J]. 土壤学报, 57(1):227-238.

赵娜,查同刚,周志勇,2011. 晋西黄土区不同树种配置对林下植被物种多样性的影响[J]. 东北林业大学学报,39(3):44-45.

赵文智,何志斌,李志刚,2003. 草原农垦区土地沙质荒漠化过程的生物学机制[J]. 地球科学进展,18(2): 257-262.

赵文智,郑颖,张格非,2018. 绿洲边缘人工固沙植被自组织过程[J]. 中国沙漠,38(1):1-7.

赵小强,陆晏天,白明兴,等,2020. 不同株型玉米基因型对干旱胁迫的响应分析[J]. 草业学报,29(2): 149-162.

赵昕,吴雨霞,赵敏桂,等,2007. NaCl胁迫对盐芥和拟南芥光合作用的影响[J]. 植物学通报,24(2)154-160.

赵鑫,翟胜,李建豹,等,2020. 不同坡位条件对毛乌素沙地长柄扁桃林地土壤水分的影响[J]. 水土保持通报, 40(4):45-52.

赵月华,2012. 植株全磷测定方法[J]. 中外企业家(4):66.

郑明清,郑元润,姜联合,2006. 毛乌素沙地4种沙生植物种子萌发及出苗对沙埋及单次供水的响应[J]. 生态学报(8):2474-2484.

郑颖,赵文智,张格非,2017. 基于V_Hegyi竞争指数的绿洲边缘人工固沙植被梭梭(Haloxylon ammodendron)的种群竞争[J]. 中国沙漠,37(6):1127-1134.

郑元润,2000. 森林群落稳定性研究方法初探[J]. 林业科学,36(5):28-32.

周伶,上官铁梁,郭东罡,等,2012. 晋、陕、宁、蒙柠条锦鸡儿群落物种多样性对放牧干扰和气象因子的响应 [J]. 生态学报,32(1):111-122.

周文洁,2020. 陕北黄土区沙棘林下植被特征及群落稳定性研究[D]. 北京:北京林业大学.

朱教君,李智辉,康宏樟,等,2005. 聚乙二醇模拟水分胁迫对沙地樟子松种子萌发影响研究[J]. 应用生态学报,16(5):801-804.

朱显谟,1989. 黄土高原土壤与农业[M]. 北京:农业出版社:55-56.

朱元龙,王桑,林永刚,等,2011. 黄土高原丘陵区柠条根系生长发育特性研究[J]. 水土保持通报,31(2): 232-237.

朱震达,刘恕,1989. 中国的荒漠化及其治理[M]. 北京:科学出版社:27-42.

宗文杰,刘坤,卜海燕,等,2006. 高寒草甸51种菊科植物种子大小变异及其对种子萌发的影响研究[J]. 兰州大学学报(5):52-55.

ALOFS K M,FOWLER N L,2013. Loss of native herbaceous species due to woody plant encroachment facilitates the establishment of an invasive grass[J]. Ecology,94(3):751-760.

ASHRAF M,FOOLAD M R,2007. Roles of glycine betaine and proline in improving plant abiotic stress resistance[J]. Environmental and Experimental Botany,59(2):206-216.

BASTIDA F,HERNANDEZ T,GARCIA C,2014. Metaproteomics of soils from semiarid environment:Functional and phylogenetic information obtained with different protein extraction methods[J]. Journal of Proteomics,101(7):31-42.

BENVENUTI S,MACCHIA M,MIELE S,2001. Light,temperature and burial depth effects on Rumex obtusifolius seed germination and emergence[J]. Weed Research,41:177-186.

BINKLEY D,SMITH F W,SON Y,1995. Nutrient supply and declines in leaf area and production in lodgepoie pine[J]. Canadian Journal of Forest Research,25(4):621-628.

BLANEY C S,KOTANEN P M,2001. Effects of fungal pathogens on seeds of native and exotic plants:A test using congeneric pairs[J]. Journal of Applied Ecology,38:1104-1113.

BOULANGEAT I,SÉBASTIEN L,JÉRÉMIE V E,et al,2015. Niche breadth,rarity and ecological characteristics within a regional flora spanning large environmental gradients [J]. J Biogeogr,39 (1):204-214.

CARVALHO A S D R,VELASQUE L D S,ARAUJO D S D D,et al,2020. Aggregated seed dispersal in a Neotropical coastal thicket vegetation:The role of microhabitat,dispersal syndrome and growth form[J]. Acta Oecologica,108:103618.

CHENG J M,HU X M,ZHAO Y Y,2009. Study on the reasonable cutting ages of caragana korshinskii in the loess hilly and gully region[J]. Journal of Arid Land Resources and Environment,23(2):196-200.

CHESSON P,2000. Mechanisms of maintenance of species diversity[J]. Annual Review of Ecology and Systematics,31:343-366.

CORNWELL W K,WESTOBY M,FALSTER D S,et al,2014. Functional distinctiveness of major plant lineages[J]. Journal of Ecology,102(2):345-356.

DRENOVSKY R E,STEENWERTH K L,JACKSON L E,et al,2010. Land use and climatic factors structure regional patterns in soil microbial communities[J]. Global Ecology and Biogeography,19(1):27-39.

FENNER M,THOMPSON K,2005. The Ecology of Seeds[M]Cambridge:Cambridge University Press.

FROUZ J,TOYOTA A,MUDRÁK O,et al,2016. Effects of soil substrate quality,microbial diversity,and community composition on the plant community during primary succession[J]. Soil Biology and Biochemistry,99:75-84.

FU Q,ZHANG G,WANG J,et al,2008. Mechanism of formation of the heaviest pollution episode ever recorded in the Yangtze River Delta,China[J]. Atmospheric Environ,42:2023-2036.

GAO T,HEDBLOM M,EMILSSON T,et al,2014. The role of forest stand structure as biodiversity indicator [J]. Forest Ecology,and Management,330:82-93.

GOU Q, QU J, HAN Z, 2015. Microclimate and CO_2 fluxes on continuous fine days using eddy covariance in the Xihu desert wetland, China[J]. Journal of Arid Land, 7(3): 318-327.

GOU Q, WANG G, QU J, 2017. Variation in NEE and itsresponse to environmental factors in an extremely arid desert wetland ecosystem[J]. Contemporary Problems of Ecology, 10(5): 575-582.

GOU Q, XI L, LI Y, et al, 2022a. The Responses of Four Typical Annual Desert Species to Drought and Mixed Growth[J]. Forests, 13, 2140.

GOU Q, GUO W, WANG G, 2022b. Dynamic changes in soil moisture in three typical landscapes of the Heihe River Basin[J]. Frontiers in Environmental Science, 10:1049883.

GOU Q, SHEN C, WANG G, 2022c. Changes in soil moisture, temperature, and salt in rainfed haloxylon ammodendron forests of different ages across a typical desert-oasis ecotone[J]. Water, 14, 2653.

GOU Q, SONG B, LI Y,et al, 2022d. Effects of drought stress on annual herbaceous plants under different mixed growth conditions in desert oasis transition zone of the Hexi Corridor[J]. Sustainability, 14, 14956.

HARRIS J A, 2003. Measurements of the soil microbial community for estimating the success of restoration [J]. European Journal of Soil Science, 54:801-808.

HAWES J E, VIEIRA I C G, MAGNAGO L F S, et al, 2020. A large-scale assessment of plant dispersal mode and seed traits across human-modified Amazonian forests[J]. Journal of Ecology, 108(3):1373-1385.

HSIAO T C, 1973. Plant responses to water stress[J]. Annual Review of Plant Physiology, 24:519-570.

HU C J, GUO L, 2012. Advances in the research of ecological effects of vegetation restoration[J]. Ecology and Environmental Sciences, 21(9):1640-1646.

HUNT S L, GORDON A M, MORRIS D M, et al, 2003. Understory vegetation in northern Ontario jack pine and black spruce plantations:20-year successional changes[J]. Canadian Journal of Forest Research, 33(9):1791-1803.

HÜSEYIN E, CENGIZ K M, MESUT P S, et al, 2021. Seed micromorphology and anatomy of 36 Muscari (Asparagaceae) taxa from Turkey with notes on their systematic importance[J]. Acta Botanica Croatica, 80(2):49-55.

HUTE A, 2002. Overview of the radiometric and biophysical performance of the MODIS vegetation indices[J]. Remote Sensing of Environment, 83(1):195-213.

JAKOBSSON A, ERIKSSON O, 2000. A comparative study of seed number, seed size, seedling size and recruitment in grassland plants[J]. Oikos, 88:494-502.

JIM H, 2009. Soil microbial communities and restoration ecology:Facilitators or followers? [J]. Science, 331:573-574.

KRAFT N J B, COMITA L S, CHASE J M, et al, 2011. Disentangling the drivers of b diversity along latitudinal and elevational gradients [J]. Science, 333 (6050):1755-1758.

LEIBOLD M A, 1955. The niche concept revisited mechanistic model and community context[J]. Econlogy, 76 (5):1371-1382.

LEVINS R, 1968. Evolution in Changing Environments:Some Theoretical Exploration[D]. Princrton:Princeton University Press.

LI B, HAO Z, BIN Y, et al, 2012. Seed rain dynamics reveals strong dispersal limitation, different reproductive strategies and responses to climate in a temperate forest in northeast China[J]. Journal of Vegetation Science, 23:271-279.

LI S H J, LI G Q, WANG L, et al, 2014. A research on species diversity of artificial Caragana intermedia forests in desert steppe[J]. Journal of Arid Land Resources and Environment, 28(6):82-87.

LIU L, DUAN Z H, WANG S L, et al, 2009. Effects of Cunninghamia lanceolata plantations at different developmental stages on soil microbial community structure[J]. Chinese Journal of Ecology, 12:2417-2423.

LIU W X, LIU L L, YANG X, et al, 2021. Long-term nitrogen input alters plant and soil bacterial, but not fungal beta diversity in a semiarid grassland[J]. Global Change Biology, Aug;27(16):3939-3950.

LLOYD D G, 1987. Selection of offspring size at independence and other size-versus-number strategies[J]. The American Naturalist, 129(6):800-817.

MAESTRE F T, DELGADO B M, JEFFRIES T C, et al, 2015. Increasing aridity reduces soil microbial diversity and abundance in global drylands[J]. Proceedings of the National Academy of Sciences of the United States of America, 112(51):15684-15689.

MARK W, ENRIQUE J, MICHELLE L, 1992. Comparative evolutionary ecology of seed size[J]. Elsevier Current Trends, 7:368-372.

MARTIROSYAN V, UNC A, MILLER G, et al, 2016. Desert perennial shrubs shape the microbial-community miscellany in laimosphere and phyllosphere space[J]. Microbial Ecology,72(3):659-668.

MENDES R,KRUIJT M,DE BRUIJN I,et al,2011. Deciphering the rhizosphere microbiome for disease-suppressive bacteria[J]. Science,332:1097-1100.

MOLES A T,HODSON D W,WEBB C J,2000. Seed size and shape and persistence in the soil in the New Zealand flora[J]. Oikos,89:541-545.

MUNOZ F,VIOLLE C,CHEPTOU P O,2016. CSR ecological strategies and plant mating systems:Outcrossing increases with competitiveness but stress-tolerance is related to mixed mating[J]. Oikos,125(9):1296-1393.

NEILSON J W,QUADE J,ORTIZ M,et al,2012. Life at the hyperarid margin:Novel bacterial diversity in arid soils of the Atacama Desert,Chile[J]. Extremophiles,16(3):553-566.

NING D,DENG Y,TIEDJE J M,et al,2019. A general framework for quantitatively assessing ecological stochasticity[J]. Proceedings of the National Academy of Sciences of the United States of America,116:16892-16898.

PANIKOV N S,1999. Understanding and prediction of soil microbial community dynamics under global change [J]. Applied Soil Ecology,11:161-176.

PAUL-VICTOR C,TURNBULL L A,2009. The effect of growth conditions on the seed size/number trade-off [J]. PLoS ONE,4:e6917.

PONTARP M,PETCHEY O L,2016. Community trait overdispersion due to trophic interactions:Concerns for assembly process inference [J].Proceedings of the Royal Society B: Biological Sciences,283 (1840),2016.1729.

RAO S,CHAN Y,BUGLER-LACAP D C,et al,2016. Microbial diversity in soil,sand dune and rock substrates of the Thar Monsoon Desert,India[J]. Indian Journal of Microbiology,56(1):35-45.

SCHAFER M,KOTANEN P M,2003. The influence of soil moisture on losses of buried seeds to fungi [J]. Acta Oecologica,24:255-263.

SCHINEL D S,1995. Terrestrial ecosystems and the carbon cycle[J]. Global Change Biology,1:77-91.

SCHOETTLE A W,1994. Influence of tree size on shoot structure and physiology of Pinus contorta and Pinus aristata[J]. Tree Physiology,(7-8-9):1055-1068.

SCOTT W,SHUM W,2000. Facilitative effects of a sand dune shrub on species growing beneath the shrub canopy[J]. Oecologia,124(1):138-148.

SHI L L,MORTIMER P E,SLIK J W F,et al,2014. Variation in forest soil fungal diversity along a latitudinal gradient[J]. Fungal Diversity,64:305-315.

SILVA I A,BATALHA M A,2011. Plant functional types in Brazilian savannas:The niche partitioning between herbaceous and woody species[J]. Perspectives in Plant Ecology,Evolution and Systematics,13(3):201-206.

SONG J-H,HONG S-P,2020. Fruit and seed micromorphology and its systematic significance in tribe Sorbarieae (Rosaceae)[J]. Plant Systematics and Evolution,306(1):6.

TAKETANI R G,KAVAMURA V N,MENDES R,et al,2015. Functional congruence of rhizosphere microbial communities associated to leguminous tree from Brazilian semiarid region [J]. Environmental Microbiology Reports,7(1):95-101.

TEDERSOO L,BAHRAM M,POLME S,et al,2014. Global diversity and geography of soil fungi[J]. Science,346,1256688.

WALCK J L,HIDAYATI S N,DIXON K W,et al,2011. Climate change and plant regeneration from seed [J]. Global Change Biology,17(6):2145-2161.

WALL D H,MOORE J C,1999. Interactions underground:soil biodiversity,mutualism,and ecosystem processes[J]. Bioscience,492:109-117.

WALL D H,NIELSEN U N,SIX J,2015. Soil biodiversity and human health[J]. Nature,528:69-76.

WANG G L,WANG Q C,2014. Effects of artificial vegetation types on soil quality in loess hilly area in Northern Shanxi Province[J]. Chinese Journal of Ecology,33(6):1487-1491.

WANG G,INNES J L,LEI J,et al,2007. China's forestry reforms[J]. Science,318(5856):1556-1557.

WANG X P,LI X R,ZHANG J G,et al,2005. Measurement of rainfall interception by xerophytic shrubs in revegetated sand dunes[J]. Hydrol Sci J,50:897-910.

WANG Y-Q,SHAO M-G,LIU Z-P,et al,2015. Characteristics of dried soil layers under apple orchards of different ages and their applications in soil water managements on the Loess Plateau of China[J]. Pedosphere, 25:546-554.

WEI G S,LI M C,SHI W C,et al,2020. Similar drivers but different effects lead to distinct ecological patterns of soil bacterial and archaeal communities[J]. Soil Biology and Biochemistry,144:107759-107769.

WESTOBY M, LEISHMAN M, LORD J, et al, 1996. Comparative ecology of seed size and dispersal [J]. Philosophical Transactions of the Royal Society B:Biological Sciences,351(1345),1309-1318.

WEZEL A,RAJOT J L,HERBRIG C,2000. Influence of shrubs on soil characteristics and their function in Sahelian agro-ecosystems in semi-arid Niger[J]. Journal of Arid Environments,44(4):383-398.

WU Y P,HU X W,WANG Y R,2009. Growth,water relations,and stomatal development of Caragana korshinskii Kom. and Zygophyllum xanthoxylum (Bunge) Maxim. seedlings in response to water deficits [J]. New Zealand Journal of Agricultural Research,52(2):185-193.

WU Z,HAACK S E,LIN W,et al,2015. Soil microbial community structure and metabolic activity of Pinus elliottii plantations across different stand ages in a subtropical area[J]. PLoS ONE 10 (2015):n. pag.

XIE L-N,MA C-C,GUO H-Y,et al,2014. Distribution pattern of Caragana species under the influence of climate gradient in the Inner Mongolia region,China[J]. Journal of Arid Land,6:311-323.

XIE L-N, GUO H-Y, MA C-C, 2016. Alterations in flowering strategies and sexual allocation of Caragana stenophylla along a climatic aridity gradient[J]. Scientific Reports,(6):33602.

YAN N,MARSCHNER P,CAO W H,et al,2015. Influence of salinity and water content on soil microorganisms[J]. International Soil and Water Conservation Research,3:316-323.

YAO M J,RUI J P,NIU H S,et al,2017. The differentiation of soil bacterial communities along a precipitation and temperature gradient in the eastern Inner Mongolia steppe[J]. CATENA,152:47-56.

YEATES G W,1979. Soil nematodes in terrestrial ecosystems[J]. Journal of Nematology,11(3):213-229.

ZHANG R,HU X W,BASKIN J M,et al,2017. Effects of litter on seedling emergence and seed persistence of three common species on the Loess Plateau in Northwestern China[J]. Frontiers in Plant Science,8:103.

ZHOU Tiancai,HOU Ge,SUN Jian,et al,2021. Degradation shifts plant communities from S- to R-strategy in an alpine meadow,Tibetan Plateau[J]. Science of the Total Environment,800:149572.